U0883984

职业教育旅游与餐饮类专业系列教材

# 调酒技艺


主　编　左　琼　冉景渊

副主编　黄　城　石　露　王　伟

参　编　魏　露　张　娅　齐　娅　郭　燕


机械工业出版社

本书依据调酒技艺相关职业标准、技能竞赛要求和相关证书考试内容编写而成，内容体现了职业教育的特点，并结合调酒技艺的工作实际，从岗位出发，以强化基础、突出应用、加强实践操作能力为培养原则，以提升学生的职业素质和实践能力为目标，是一本兼具理论性与实践性、科学性与艺术性、技术性与观赏性的新形态教材。本书共分为八个项目，包括认识酒吧、熟悉酒吧设备与调酒器具、认识调酒师、初识鸡尾酒、学习鸡尾酒三维体验系统的建立、熟知鸡尾酒调制所用原料、调制鸡尾酒、学习鸡尾酒的营销。

本书以党的二十大精神为指引，落实课程思政理念，通过知识卡片和拓展阅读等栏目，在书中融入了职业素养、绿色发展、我国优秀传统文化、行业新发展和新技艺等内容，力求体现教材的立德树人功能，保证教材的先进性和可读性。

本书可作为职业教育旅游类、餐饮类相关专业教学用书，也可作为调酒从业人员和爱好者的参考书。

**图书在版编目（CIP）数据**

调酒技艺 / 左琼，冉景渊主编. -- 北京 : 机械工业出版社，2024. 9. -- ISBN 978-7-111-76677-3

I. TS972.19

中国国家版本馆CIP数据核字第2024H9B937号

机械工业出版社（北京市百万庄大街22号　邮政编码100037）

策划编辑：邢小兵　　　　　责任编辑：邢小兵　王华庆

责任校对：薄萌钰　刘雅娜　　封面设计：马若濛

责任印制：刘　媛

北京中科印刷有限公司印刷

2024年10月第1版第1次印刷

210mm×297mm・8印张・191千字

标准书号：ISBN 978-7-111-76677-3

定价：45.00元

电话服务　　　　　　　　网络服务

客服电话：010-88361066　　机　工　官　网：www.cmpbook.com

010-88379833　　机　工　官　博：weibo.com/cmp1952

010-68326294　　金　　书　　网：www.golden-book.com

**封底无防伪标均为盗版**　　机工教育服务网：www.cmpedu.com

# 前言
Preface

在全面建设社会主义现代化国家的进程中，文化产业作为国民经济的重要组成部分，日益受到重视。其中，酒文化作为我国传统文化的重要组成部分，正以其独特的魅力走向世界。调酒作为酒文化的重要载体，越来越受到社会的关注和重视。本书以党的二十大精神为指引，贯彻落实创新、协调、绿色、开放、共享的新发展理念，遵循职业教育教学规律，紧密结合社会经济、科技进步和行业发展需求，系统介绍了调酒的理论基础知识和实践操作技巧。

本书依照职业教育的特点，结合调酒技艺的实际情况，从岗位实际出发，以强化基础、突出应用、加强实践操作能力为培养原则，以提升学生职业素质和实践能力为目标，在编写中力求内容的科学性、有效性和实用性。首先，引用最新的理论知识和研究成果，结合行业发展新变化、新知识，在任务中设置“知识储备”“知识卡片”“拓展阅读”模块，保证知识的全面性和先进性；其次，根据典型工作任务和案例，结合大量实践操作经验，安排“任务实施”模块内容，力求将理论与实践紧密结合，让内容更加生动具体，保证所学技能与社会需求相一致；最后，在任务后设置了“学习评价”和“实训练习”等模块，做练训评一体，岗课赛证融通。

**本书特色：**

1. 校企合作：通过与企业的合作，本书融入最新的企业实践经验和行业动态，使内容更加贴近实际。同时，通过校企合作，为学生提供了更多的实践机会和就业渠道。

2. 岗课赛证融入：本书融入了调酒技艺的相关职业标准、技能竞赛要求和相关证书考试等内容，使学生在学习过程中能够更好地掌握相关技能和知识，提高就业竞争力。

3. 课程思政：本书融入了思政教育内容，通过弘扬中华优秀传统文化和社会主义核心价值观等，培养学生优秀的道德品质和社会责任感。

4. 数字资源：本书配备了丰富的数字资源，包括电子课件、视频教程、在线课程等。这些资源可以帮助学生更好地理解和掌握调酒技艺的实践操作和理论知识，提高其学习效果。

本书是重庆市酉阳职业教育中心优质校和“旅游服务与管理”优质专业的建设成果，是重庆市中等职业教育现代学徒制试点项目“旅游服务与管理‘工学结合、订单培养’现代学徒制人才培养模式改革试点”的建设成果，由重庆市酉阳职业教育中心左琼牵头完成。具体编写分工如下：左琼负责编写项目一，石露负责编写项目二，冉景渊负责编写项目三，魏露负责编写项目四，齐娅和郭燕负责编写项目五，黄城负责编写项目六，王伟负责编写项目七，张娅负责编写项目八。在本书编写过程中，编者走访了调酒相关行业，得到重庆同辉投资有限公司世纪同辉大酒店、重庆国贸格兰维大酒店、重庆百瑞斯特学院等的大力支持，为本书提供了诸多案例、素材。有了众多企业的支持与配合，才使本书的内容更加充实和独特。

由于调酒技艺的日新月异和编者水平有限，本书难免存在一些不足之处，敬请各位专家学者及读者朋友批评指正。

编　者

# 二维码索引

# 目录
Contents

# 项目一

# 认识酒吧

## 项目提要

本项目介绍了酒吧的概念、类型等基础知识，全面解析了经营酒吧需要做的基础工作，如酒吧的环境创建与市场定位等。

## 项目目标

- 了解酒吧的概念与发展。
- 了解酒吧的类型。
- 熟悉酒吧的环境创建与市场定位。

## 项目内容

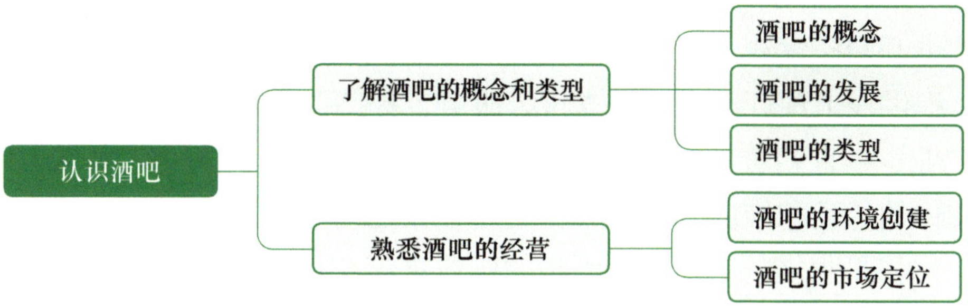


## 任务一　了解酒吧的概念和类型

### 任务目标

- 了解酒吧的概念与发展。
- 了解酒吧的类型。
- 培养独立思考与创新能力。

## 知识储备

### 一、酒吧的概念

图1-1 酒吧

酒吧是一种提供酒精饮品和进行社交活动的商业场所，它通常以吧台为中心，提供各种酒类饮品，如啤酒、葡萄酒、烈酒和鸡尾酒等。酒吧通常设有舒适的座位区域，供顾客休息和社交（见图1-1）。

酒吧的设计和氛围因地区、文化和主题而异，但通常都有一些共同的特点。酒吧的内部通常采用柔和的照明和音乐，营造出轻松、愉快的氛围；酒吧的装饰和设计元素可以根据不同的概念和主题进行个性化的设计，以吸引特定的客户群体；同时，酒吧还是社交和娱乐的场所，人们可以在酒吧中与朋友聚会、放松身心或是享受美食和饮品；一些酒吧还提供娱乐活动，如音乐表演、现场乐队演奏和游戏活动等，以提升顾客的娱乐体验。

### 二、酒吧的发展

目前，酒吧的发展具有多元化和个性化、连锁化和品牌化、线上化和智能化的特征。随着消费者需求的多样化，酒吧也在寻求创新和突破，以提供更加多元化和个性化的产品和服务。例如，一些酒吧会开展主题派对、音乐演出、艺术展览等活动，以吸引不同类型的消费者。近年来，一些知名的酒吧品牌开始通过连锁经营的方式扩张市场，提升其品牌影响力。这些连锁酒吧通常具有统一的管理标准和服务质量，能够为消费者提供更好的消费体验。随着互联网技术的发展，酒吧也开始探索线上化和智能化的经营模式。例如，一些酒吧会通过微信公众号、小程序等方式，提供线上预订、点餐、支付等服务，提高服务效率和便利性。

我国调酒产业也一直朝着专业化和职业化、创新和多元化、国际化和本土化的方向不断发展。随着调酒文化的普及和推广，越来越多的年轻人选择将调酒师作为自己的职业，促进了调酒师职业的专业化和职业化，提高了调酒师的职业素养和技能水平。调酒师们也在不断探索和创新，推出更加多元化和创意十足的鸡尾酒作品。这些作品不仅注重口感和风味，还注重视觉和听觉等多方面的感官体验。随着全球化趋势的加强，调酒文化也开始跨越国界，不同国家和地区的调酒师开始互相交流和学习。同时，本土化的趋势也在逐渐增强，一些调酒师开始将本土文化和元素融入自己的作品中，形成具有地域特色的酒文化。

总的来说，酒吧和调酒产业都在不断发展和进步，为消费者提供更加多元化、个性化、专业化的产品和服务。

### 三、酒吧的类型

酒吧是指专业提供各种酒水产品和服务的经营场所。早期的酒吧数量少且设备简陋，随着时间的推移以及社会需求、时代的发展，酒吧数量日渐增多，服务功能和设备不断地完善，各种名称、类型的酒吧也应运而生。酒吧逐渐成为人们生活消费的场所。酒吧可以以其经营项目、服务功能、营业形式、环境设施等条件来分类。下面介绍几种酒吧的类型。

### 1. 音乐酒吧

音乐酒吧（见图1-2）是以音乐为主题的酒吧，通常有现场音乐表演或DJ播放音乐。这种酒吧通常以各种音乐风格为特色，如摇滚乐、流行音乐、电子音乐等，吸引喜爱音乐的顾客。

### 2. 运动酒吧

运动酒吧（见图1-3）是专门为体育爱好者设计的酒吧，通常会播放体育比赛的转播，并提供大屏幕电视和舒适的座位供顾客观看比赛。这种酒吧通常会提供各种饮品和小吃，让顾客在观看比赛的同时享受社交和娱乐。

### 3. 主题酒吧

主题酒吧是以特定的主题为特色，为顾客创造出独特的氛围和体验的酒吧。一般来说，主题酒吧的装饰是其最显著的特点之一。它们通常以某种主题为基础，如太空（见图1-4）、海洋、西部牛仔、复古摇滚、嘻哈文化等。装饰包括墙壁上的艺术品、灯光效果、家具和饰品等，都与主题相呼应，营造出独特的氛围和视觉效果。主题酒吧的音乐、饮品和菜单也会与主题相呼应，例如，在海洋主题酒吧中，可能会提供以海洋为灵感的鸡尾酒，如蓝色矮人、海盗船等。

图1-2　音乐酒吧

图1-3　运动酒吧

图1-4　太空主题酒吧

### 4. 酒吧餐厅

酒吧餐厅（见图1-5）结合了酒吧和餐厅的特点，提供丰富的饮品和美食选择。顾客可以在此享受美食，同时品尝各种酒类。它营造出舒适的环境和愉悦的氛围，为顾客提供全方位的用餐和娱乐体验。无论是用于休闲聚会、庆祝活动还是商务聚会，酒吧餐厅都能满足顾客的需求。

图1-5　酒吧餐厅

### 5. 时尚酒吧

时尚酒吧（见图1-6）注重时尚和潮流，通常以现代化的装饰和照明设计为特色。这种酒吧通常吸引年轻人和时尚人士，可以为其营造出时尚、前卫的氛围。

时尚酒吧通常注重装饰和设计的独特性，采用现代、艺术或主题化的装饰风格，以营造出与众不同的氛围。时尚酒吧通常提供多样化的饮品选择，包括各类鸡尾酒、特色调酒、精选葡萄酒和独特的酒品。这些饮品往往具有创意的配方和精心的调制，以满足顾客对品质和口味的追求。

图1-6　时尚酒吧

**知识卡片** 上海外滩华尔道夫酒店的行政酒廊

上海外滩华尔道夫酒店的行政酒廊（见图1-7）位于该酒店的顶层，拥有独立的入口和电梯，保证了客人的私密性。酒廊内设有舒适的沙发、茶几、电视、电脑等设施，提供免费无线网络，还设有吧台，提供各种酒水和小食。

图1-7　上海外滩华尔道夫酒店的行政酒廊

这个行政酒廊的装修风格以古典和现代相结合，以暖色调为主，营造出温馨、舒适的氛围。此外，行政酒廊的景观非常好，可以俯瞰整个外滩和黄浦江的美景，为客人提供极致的视觉享受。

客人在这里可以享受到私人管家服务，包括安排行程、订票、洗衣等。此外，行政酒廊还会举办各种活动和讲座，如鸡尾酒制作、葡萄酒品鉴等，为客人提供社交和娱乐机会。

## 任务介绍

同学们，结合酒吧的相关理论知识，根据酒吧的类型、特点以及需求，为酒吧设计适合的氛围音乐歌单。

## 任务实施

本任务实施选取年轻人喜欢的电子音乐类型酒吧，根据酒吧的不同类型和特点，通过相应的步骤为酒吧设计歌单，营造酒吧特色的音乐氛围。

### 酒吧氛围音乐歌单设计

第一步：制作一个电子表格，按照歌单设计要求，内容需有歌单内容、酒吧类型、歌单曲目、说明等。

第二步：试听相关音乐音频，填写相关信息。

第三步：按照试听音乐的节奏、歌词、氛围、效果等排序歌曲。

第四步：对歌单进行曲目审核和校对，确保内容准确无误。

第五步：歌单设计制作完成，打印纸质版放在音乐播放室即可。

## 学习评价

根据要求进行任务实施后，以小组为单位进行师生评价。

| 评价项目 | 分数 | 学生自评（50%） | 教师评分（50%） | 总分 |
|---|---|---|---|---|
| 掌握了酒吧的概念和类型 | 30 | | | |
| 了解酒吧的发展现状和发展趋势 | 20 | | | |
| 能够为酒吧设计音乐歌单 | 30 | | | |
| 学习态度端正、遵守纪律 | 10 | | | |
| 能进行团队协作、沟通顺畅 | 10 | | | |

**拓展阅读　我国酒吧未来的发展趋势**

我国酒吧未来的发展趋势可能会更加注重高端市场和品牌建设，同时加强线上销售和数字化能力，并关注可持续性和环保问题。随着经济的发展和人们生活水平的提高，高端市场的需求也在不断增长。因此，未来酒吧行业将会更注重品牌的建立、产品的创新和品质的提升。这意味着酒吧需要提供更加优质的、个性化的服务和体验，以满足高端消费者的需求。

随着电商平台的普及和移动互联网的发展，酒吧行业线上销售持续增长。未来，线下实体店和线上渠道的结合也将会成为趋势，以更好地满足消费者的需求。这意味着酒吧需要提高自身的数字化能力，以便更好地与消费者沟通和互动。

随着绿色发展、可持续发展理念的深入，消费者会更注重环保，对包装会有一定的要求，因此未来酒吧行业可能会逐渐向着可持续性酿造、环保包装等方向发展，以满足消费者对于可持续性和环保问题的关注。

为了提升酒吧竞争力，吸引更多的消费者，酒吧需要不断创新和改进，为消费者提供更加多元化、个性化的产品、服务和体验。同时，酒吧也需要提高自身的品牌知名度和影响力，以在竞争中占据更有利的位置。

## 实训练习

### 一、单选题

1.（　　）注重装饰和设计的独特性，采用现代、艺术或主体化的装饰风格，以营造出与众不同的氛围。

A. 音乐酒吧　　B. 运动酒吧　　C. 主题酒吧　　D. 时尚酒吧

2. 某酒吧名为“野游酒吧”，装修设计充满田野、森林气息，拥有木屋、帐篷、户外桌椅等设施，该酒吧为（　　）。

A. 运动酒吧　　B. 主题酒吧　　C. 酒吧餐厅　　D. 时尚酒吧

3. 以下不属于我国酒吧行业发展趋势的是（　　）。

A. 多元化　　B. 个性化　　C. 大众化　　D. 绿色化

4. 酒吧中，（　　）负责制作饮品。

A. 调酒师　　B. 厨师　　C. 服务员　　D. 经理

### 二、实操题

5～6人为一组，通过网络或实地走访的形式，调研你所在城市的商业街、步行街等地周围的酒吧，分析其装修风格、经营特色和所属类型，以图片和文字的形式进行记录，并以小组为单位在班级进行汇报分享。

## 任务二　熟悉酒吧的经营

### 任务目标

- 了解酒吧环境创建的内容。
- 了解酒吧的市场定位。

## 知识储备

### 一、酒吧的环境创建

酒吧作为一个提供产品和服务的娱乐性场所，通常在进行环境创建时要考虑以下内容：

#### 1. 音乐设备和音响系统

酒吧必备的设施之一是良好的音乐设备和音响系统。这包括高质量的音箱、混音台、放音设备等，以确保音乐的高保真度和音质的清晰度；优质的音响系统能够提供出色的音乐体验，让顾客沉浸在音乐的节奏和氛围中。音乐设备见图1-8。

#### 2. 酒水供应和调酒设备

酒吧的核心业务是提供各种酒水产品和服务，因此，充足的酒水供应和专业的调酒设备是必不可少的。这包括各类酒品的储备、冷藏设备、调酒器具和调酒师等。酒吧需要提供多样化的饮品选择，以满足不同顾客的口味和需求。调酒设备见图1-9。

#### 3. 舒适的环境和装饰

酒吧的环境和装饰对于吸引顾客和营造氛围至关重要。舒适的座位、照明设计、装饰品和艺术品等都能为顾客提供愉悦的品酒和娱乐体验。此外，酒吧还需要考虑音乐的音量和音质的控制，以确保顾客能够在舒适的环境中享受音乐和进行交流。酒吧环境见图1-10。

图1-8　音乐设备

图1-9　调酒设备

图1-10　酒吧环境

只有构建好这三个酒吧成功运营的必备条件，才能成为一个吸引顾客、提供优质服务和独特体验的酒吧。

### 二、酒吧的市场定位

经营酒吧，除了选址要准确外，市场定位也是成功的关键。酒吧可以根据以下要素来进行市场定位：

#### 1. 音乐风格

酒吧可以根据音乐风格来进行市场定位，例如流行音乐、电子音乐、摇滚乐、爵士乐等。通过选择特定的音乐风格，酒吧可以吸引对该风格感兴趣的客户群体。

### 2. 客户群体

酒吧可以根据目标客户群体来进行市场定位，例如年轻人、专业人士、学生等群体。通过了解目标客户的需求和喜好，酒吧可以提供符合他们喜好的音乐、氛围和服务。同时，客户群体分析还需要从该地区经济水平分析开始，其目的是掌握这一地区的经济水平和消费特点，以确定何种类型的酒吧在该地区最为合适；然后了解该地区的人口统计情况，例如家庭数以及青年、成年、老年人口数量及其比例。宏观上确定客户群体还需要了解当地政府、民间与团体的情况，以及民族与饮食爱好。

### 3. 主题和氛围

酒吧可以通过独特的主题和氛围来进行市场定位，例如复古风格、时尚潮流、豪华奢华等。通过打造独特的氛围和装饰，酒吧可以吸引对该主题感兴趣的顾客。

### 4. 服务和体验

酒吧可以通过提供优质的服务和独特的体验来进行市场定位。例如，提供个性化的调酒服务、专业的音乐表演、创新的饮品菜单等，以吸引顾客并为其提供与众不同的消费体验。

### 5. 地理位置

酒吧的地理位置也是一个重要的市场定位因素。酒吧可以选择在繁华的商业区、旅游景点附近或在特定的社区内开设，以吸引目标客户群体。

### 6. 价格定位

酒吧可以通过价格定位来吸引不同层次的顾客。例如，高端豪华酒吧可以提供高价位的饮品和服务，而经济型酒吧可以提供更实惠价位的饮品和服务。

酒吧在确定自我市场定位时，还需要考虑目标客户的需求、竞争对手的定位以及自身的资源和能力水平。市场定位应该与酒吧的品牌形象和核心价值相一致，并能够满足目标客户的需求，从而在竞争激烈的酒吧行业中脱颖而出。

**知识卡片** 伊特哈饭店

伊特哈饭店（见图1-11）是世界上第一家水下饭店，允许客人提前预订时间在此品尝鸡尾酒和香槟。这家饭店位于海面以下，置身其中，客人们仿佛处在一个水族箱中，四周都是透明的玻璃墙，玻璃墙外就是海水，那里游弋着五彩斑斓而多种多样的海洋生物。由于饭店开放的预定名额有限，所以每天能在此享用鸡尾酒的客人并不多，因此也不会显得嘈杂和拥挤。

图1-11　伊特哈饭店

## 任务介绍

同学们，结合酒吧类型和市场定位的相关理论知识，为酒吧设计一份合适的酒水单。

## 任务实施

### 酒吧酒水单设计

第一步：制作一个电子表格，按照酒水单设计要求，内容需包含酒水的种类、名称、原料和价格等。

第二步：感受各种酒的味道和适合的氛围、场合，选择合适的酒水，并在表中填写相关信息。

第三步：按照酒水的原料、产地等来进行分类，并对照市场定位与市场价格进行定价。

第四步：对酒水单中酒水的名称、原料、价格等进行审核和校对，确保内容准确无误。

第五步：酒水单设计制作完成，搭配背景设计成海报样式，打印纸质版放在吧台上或者制作成电子酒水单。

## 学习评价

根据要求进行任务实施后，以小组为单位进行师生评价。

| 评价项目 | 分数 | 学生自评（50%） | 教师评分（50%） | 总分 |
|---|---|---|---|---|
| 了解影响酒吧市场定位的要素 | 30 | | | |
| 掌握酒吧环境创建的内容 | 30 | | | |
| 能够根据不同类型酒吧设计酒水单 | 20 | | | |
| 学习态度端正、遵守纪律 | 10 | | | |
| 能进行团队协作、沟通顺畅 | 10 | | | |

## 拓展阅读 大冰的小屋

大冰的小屋是一个以民谣为主题的酒吧，也是流浪歌手们的聚集地。大冰的小屋以音乐为主题，定期举办音乐表演，吸引了许多本地知名乐队和音乐人前来演出，为顾客提供了高质量的音乐享受。

大冰的小屋不仅是一个酒吧，更是一个让音乐人能够相互交流、分享、学习的地方。在这里，流浪歌手们可以找到志同道合的朋友，也可以找到能够指导他们音乐创作的导师。

大冰的小屋以其独特的氛围而闻名，整个酒吧的装修风格非常温馨舒适，给人一种放松的感觉。进入酒吧，首先映入眼帘的是木质的桌椅和墙壁，整个空间以木纹为主调，灯光柔和而不刺眼，为顾客提供了一个放松心情的环境。大冰的小屋不仅提供各种传统川菜和西餐，还有清爽的夏日饮品和浓郁的冬日鸡尾酒。

大冰的小屋还会定期举办一些主题派对和活动，如每年的圣诞节和新年会举办盛大的音乐派对，吸引了大量的音乐爱好者。此外，酒吧还会组织一些文化艺术交流活动，让顾客可以与音乐人和艺术家进行面对面的交流，并了解最新的音乐和艺术动向。

大冰的小屋的特色在于其独特的氛围、卓越的音乐表演、美食与饮品的多样性以及主题派对和活动等。这些特色使得大冰的小屋成为广受大众欢迎的酒吧。

# 实训练习

## 一、单选题

1. 在进行酒吧环境创建时需要考虑的因素包括（　　）。

A. 音乐设备　　B. 调酒设备　　C. 环境和装饰　　D. 以上都是

2. 酒吧的具体定位应该考虑到（　　）。

A. 地理因素　　B. 国家因素　　C. 空间因素　　D. 消费行为因素

3. “RIO鸡尾酒，味道好极了！”这是根据（　　）进行定位。

A. 产品实体属性　　B. 产品利益　　C. 产品用途　　D. 产品或服务的质量

4. 某酒吧的力求为顾客提供高质量的优质服务，店铺装修豪华，产品服务价格高。这是采用的哪一种市场定位方法。（　　）

A. 根据产品利益定位　　B. 根据产品或服务的质量定位

B. 根据产品竞争地位定位　　D. 根据产品特色定位

## 二、实操题

假如某酒吧定位是大学生群体酒吧，请同学们作为酒吧的管理者，针对开学季或毕业季活动，设计一份适合酒吧的创意酒水单。

# 项目二

# 熟悉酒吧设备与调酒器具

## 项目提要

在了解了酒吧的概念与类型知识后，本项目进入酒吧设备与调酒器具学习环节，包括酒吧经营所需设备、调酒器具的基础知识与使用方法等。

## 项目目标

- 熟悉酒吧设备的基础知识与使用方法。
- 掌握酒吧调酒器具的基础知识和使用方法。

## 项目内容

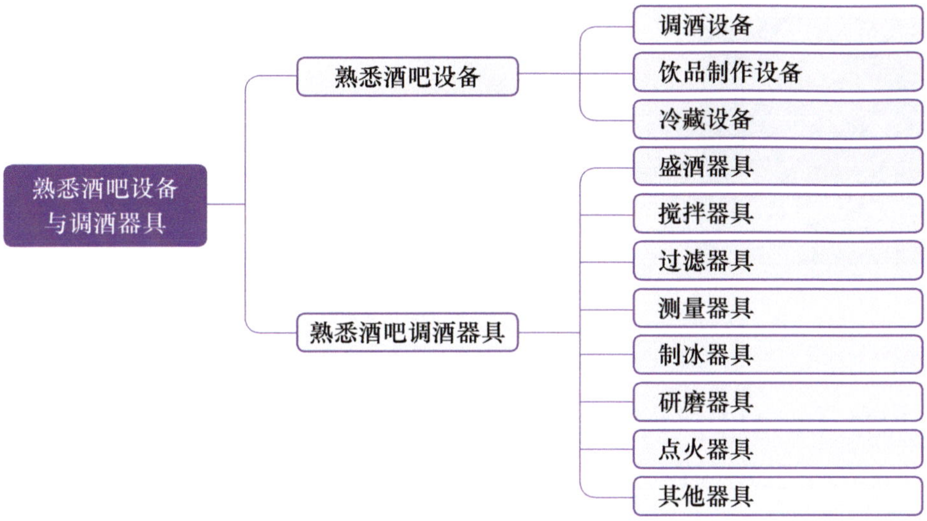


## 任务一　熟悉酒吧设备

### 任务目标

- 熟悉酒吧设备的类别和功能。
- 熟悉酒吧设备的使用方法。

## 知识储备

酒吧设备是指在酒吧运营中使用的各种设备和工具。酒吧设备是酒吧运营的基础，作为一名合格的调酒师必须熟悉酒吧的设备，掌握其使用的方法。酒吧设备一般包括调酒设备、饮品制作设备、冷藏设备等。

### 一、调酒设备

#### 1. 滤滴板

滤滴板（见图2-1）是放置在调酒台上的一个装置，用于收集杯子和调酒工具滴下的液体。它通常由不锈钢或塑料制成，有凹槽和孔洞，以便将液体导向排水系统。滤滴板可以防止液体滴落到调酒台或地面上，保持调酒台的整洁和干燥。

#### 2. 洗杯机

洗杯机（见图2-2）是一种自动化设备，用于高效地清洗大量的酒杯和调酒器具。它通常具有多个洗杯槽和喷淋装置，可以同时清洗多个酒杯。洗杯机通过水泵将清洗剂和水供应到喷淋装置，喷淋装置会将清洗液均匀地喷洒在酒杯和器具上，去除污垢和残留物。洗杯机还配备烘干装置，可以快速将洗净的酒杯和器具烘干，以便再次使用。

#### 3. 洗杯槽

洗杯槽（见图2-3）是一种用于手动清洗酒杯和调酒器具的设备。它通常由不锈钢制成，具有一定的深度和容量，以容纳多个酒杯和器具。

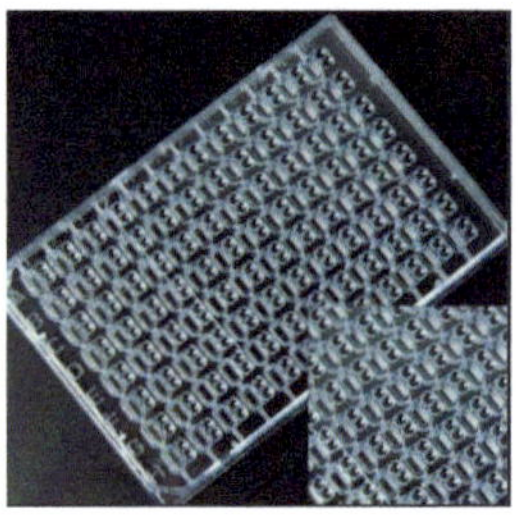

图2-1　滤滴板

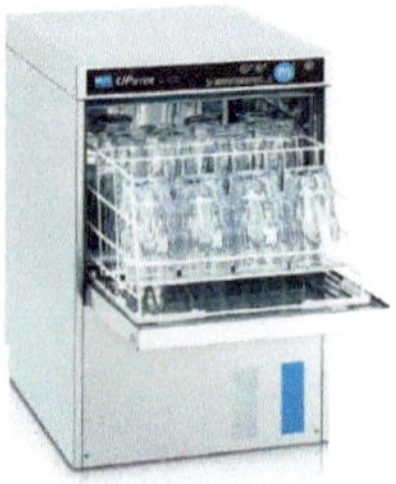

图2-2　洗杯机

图2-3　洗杯槽

#### 4. 储酒柜

储酒柜（见图2-4）是用于储存酒瓶和其他酒品的冷藏设备。它通常位于酒吧后台或吧台后方，具有透明的玻璃门或开放式设计，以展示酒品的品牌和种类。储酒柜通常具有温度控制系统和适当的储存空间，以确保酒品保持在适宜的温度和状态。

#### 5. 烈酒枪和苏打枪

烈酒枪和苏打枪是用于调制鸡尾酒和提供饮品时的喷射装置。烈酒枪通常连接到烈酒瓶上，通过按下按钮或扳机来控制烈酒的流量，方便调酒师快速倒酒。苏打枪（见图2-5）则用于提供苏打水和其他碳酸饮料，通过按下按钮来喷射出适量的苏打水，方便制作饮品。

#### 6. 酒瓶架

酒瓶架（见图2-6）是用于展示和储存酒瓶的架子。它通常位于吧台或酒吧后台，用于摆放和展示各种酒瓶。酒瓶架可以根据需要选择不同的尺寸和设计，以放置不同种类和数量的酒瓶。

图2-4　储酒柜

图2-5　苏打枪

图2-6　酒瓶架



## 二、饮品制作设备

### 1. 制冰机

制冰机（见图2-7）是用于制作冰块和碎冰的设备。它通过将水注入制冰机内部的冰模具或冰桶中，经过冷却和冻结过程，将水转化为冰块或碎冰。制冰机通常具有不同的形状和尺寸选择，如方形冰块、圆形冰球、碎冰等，以满足不同饮品的制作需求。制冰机能够快速制作大量的冰块，确保酒吧在高峰时段能够及时提供冷饮。

图2-7　制冰机

### 2. 搅拌机

搅拌机（见图2-8）是一种用于混合和搅拌饮品的设备。它通常由一个容器和一个带有刀片的电动机组成。将饮品的原料、冰块和其他调味品放入搅拌机容器中，启动电动机后，刀片会快速旋转，将原料和冰块混合搅拌，制作出冰沙、果汁、奶昔等口感细腻的饮品。搅拌机通常具有不同的速度和搅拌模式，以适应不同饮品的制作需求。

图2-8　搅拌机

### 3. 榨汁机

榨汁机（见图2-9）是一种用于提取果汁的设备。将水果或蔬菜放入榨汁机的进料口，经过切割、压榨和过滤等过程，将水果或蔬菜中的汁液分离出来。榨汁机通常具有不同的过滤器和速度调节选项，以适应不同水果和蔬菜的榨汁需求。榨汁机可以制作新鲜的果汁，用于制作鸡尾酒、果汁饮品和调酒时的调味品。

图2-9　榨汁机

### 4. 咖啡机

咖啡机（见图2-10）是用于制作咖啡和咖啡相关饮品的设备。它通过研磨咖啡豆、注入热水和蒸汽等步骤，制作出浓郁的咖啡。咖啡机通常具有不同的功能和设置，可以制作出不同种类的咖啡，如浓缩咖啡、美式咖啡、卡布奇诺等。咖啡机的质量和性能直接影响咖啡的口感和品质，因此在酒吧中选择适合的咖啡机非常重要。

图2-10　咖啡机

## 三、冷藏设备

### 1. 冷柜和冷藏柜

冷柜（见图2-11）是一种用于储存和冷藏食品和饮品的设备。它通常具有多层的储存空间，可以调节温度和湿度，以适应不同的储存需求。冷柜通常用于储存酒水、果汁、调料、水果和其他需要冷藏的物品。

冷藏柜（见图2-12）是一种专门用于冷藏酒水和饮品的设备。它通常具有透明的玻璃门和可调节的温度控制系统，以便顾客能够看到展示的酒水和饮品。

### 2. 冷饮机

冷饮机（见图2-13）是一种专门用于提供冷饮的设备。它通常具有多个储存槽和出饮口，可以同时储存和提供多种冷饮，如啤酒、汽水、果汁等。冷饮机通常具有温度控制和制冷系统，以保持饮品的冷却状态，并提供给顾客冰凉的饮品。

图2-11　冷柜

图2-12　冷藏柜

图2-13　冷饮机

酒吧设备在酒吧运营中具有重要的作用，不仅能够提供高质量的饮品和服务，提高工作效率和减少人力成本，还能够为顾客营造独特的氛围和体验，保障安全和卫生。因此，选择适合的酒吧设备并进行良好的维护和管理对于酒吧的成功经营至关重要。

**知识卡片** 智能互动吧台

智能互动吧台是近年来酒吧行业的一大创新。这种吧台集成了触摸屏、语音识别等多种技术，顾客可以通过触摸屏幕或语音指令来点酒、查询账单等操作。智能互动吧台不仅提高了服务效率，还增强了顾客的互动体验，让酒吧服务变得更加智能化和便捷化。

### 任务介绍

同学们，结合酒吧设备的相关理论知识，根据酒吧的特点以及需求，为酒吧的设备制作一份设备使用指导手册。

### 任务实施

本任务以酒吧中最常用的设备之一洗杯机为例，根据洗杯机的基础知识与使用说明书洗杯机制作使用指导手册。

### 洗杯机的使用指导手册制作

第一步：制作一个电子表格，内容需包括洗杯机的品牌、型号、指导手册编制人员、生效日期、版本号、页数，以及制作该手册的目的、洗杯机的简介、操作步骤、维护保养、注意事项等。

第二步：查看洗杯机的说明书，填写相关信息。

第三步：进行演示图片的插入，更直观地说明设备的使用方法和操作步骤，调整布局和格式，完成排版。

第四步：对手册进行审核和校对，确保内容准确无误。

第五步：手册制作完成，打印纸质版放在设备工作台旁即可。

第六步：参照洗杯机使用指导手册的制作过程，结合制冰机、搅拌机等酒吧常用设备的基础知识与使用方法，完成各设备的使用指导手册制作。

## 学习评价

根据要求进行任务实施后，以小组为单位进行师生评价。

| 评价项目 | 分数 | 学生自评（50%） | 教师评分（50%） | 总分 |
| --- | --- | --- | --- | --- |
| 掌握酒吧设备的基础知识与使用方法 | 10 | | | |
| 认识酒吧设备的重要性 | 10 | | | |
| 能够实际操作酒吧常用设备 | 30 | | | |
| 具备熟练使用、保养酒吧设备的能力 | 30 | | | |
| 学习态度端正、遵守纪律 | 10 | | | |
| 能进行团队协作、沟通顺畅 | 10 | | | |

## 实训练习

### 一、单选题

1. 酒吧的调酒设备不包括（　　）。

A. 漏勺　　B. 制冰机　　C. 洗杯机　　D. 搅拌机

2. 酒吧的清洗设备包括（　　）。

A. 洗碗机　　B. 洗衣机　　C. 烘干机　　D. 洗杯机

3. 酒吧的影音系统不包括（　　）。

A. DJ系统　　B. 吉他　　C. 演艺系统　　D. 音响

### 二、实操题

除了任务中所列举的设备外，请再找出五个你认为酒吧中还会用到的设备，并和其他同学交流分享。

# 任务二　熟悉酒吧调酒器具

## 任务目标

- 掌握酒吧调酒器具的种类。
- 熟悉酒吧调酒器具的使用方法。
- 能独立使用酒吧调酒器具进行饮品调制。

## 知识储备

### 一、盛酒器具

#### 1. 高脚杯

高脚杯，如香槟杯、马天尼杯（见图2-14）等，用于装饰性鸡尾酒和气泡酒的盛装。高脚杯是一种具有较高脚部和较大容量的玻璃杯，通常用于制作和享用一些特定类型的鸡尾酒和长饮酒。高脚杯的特点如下：

（1）容量　高脚杯通常具有较大的容量，一般在240～360ml之间，有些甚至更大，适合制作和享用一些需要较多酒精和混合饮料的鸡尾酒。

（2）高脚设计　高脚杯的特点之一是具有较高的脚部，这使其可以稳定地放置在桌面上，同时也增加了杯子的视觉吸引力。

a）香槟杯

b）马天尼杯

图2-14　高脚杯

（3）多功能性　高脚杯可以用于制作和享用多种类型的鸡尾酒和长饮酒，例如莫吉托（Mojito）、金汤力（Gin Tonic）、龙舌兰日出（Tequila Sunrise）等，也常用于装饰性饮品和水果鸡尾酒。

（4）透明材质　高脚杯通常由透明的玻璃材质制成，使饮品的颜色和层次感更加明显，增加了视觉享受。

#### 2. 矮脚杯

矮脚杯也被称为老式杯或岩石杯，是酒吧中常见的一种调酒器具。它是一种矮而宽口的玻璃杯，通常用于制作和享用短饮酒和调酒，如白兰地杯、老式杯、古巴利比杯等（见图2-15），用于装饰性鸡尾酒和短饮酒。矮脚杯的特点如下：

a）白兰地杯

b）老式杯

c）古巴利比杯

图2-15　矮脚杯

（1）外形特点　矮脚杯通常呈圆柱形，底部较宽、高度较矮、杯口较宽。这种设计使矮脚杯更加稳定，适合放置冰块和调酒材料。

（2）容量大小　矮脚杯的容量通常在240～360ml之间，适合调制和享用短饮酒。它可以容纳适量的酒精和调味品，使调酒师可以在其中混合和搅拌饮料。

（3）用途广泛　矮脚杯适用于多种类型的饮料，包括经典的老式鸡尾酒、威士忌、龙舌兰酒、伏特加等，也常用于制作和盛放短饮酒，如加冰的威士忌、白兰地、朗姆酒等。

在酒吧中，矮脚杯是一种常见且实用的调酒器具，不仅能够展示饮品的色泽和质感，还能够为顾客提供舒适的饮用体验。



### 3. 长颈杯

长颈杯也被称为调酒壶或调酒长颈瓶，如柯林斯杯等，用于盛放长饮和混合饮料。长颈杯（见图2-16）通常由玻璃或不锈钢制成，具有独特的长颈设计和宽口设计，以便调酒师可以更加灵活地倒入酒液。长颈杯的长颈部分可以帮助调酒师更加精准地控制酒液的倾倒角度和速度，以便于调配酒精饮品时进行精确测量和充分混合。长颈杯的宽口设计使调酒师可以方便地倒入各种酒精和调味品，同时也方便清洗和保养。一些长颈杯上会有刻度标记，用于帮助调酒师准确测量酒液的容量，以便于按照配方进行调配。

图2-16　长颈杯

### 4. 摇酒壶

摇酒壶（Shaker）：有考布勒摇酒壶和波士顿摇酒壶两种，用于调制一些不易混合的饮品。

考布勒摇酒壶（见图2-17）是一种由三个部分组成的摇酒器具，包括一个容器、一个滤网和一个盖子。它通常由不锈钢或其他金属材料制成，具有典型的圆柱形状。考布勒摇酒壶的特点是容易使用和清洗。它的容器部分通常有一个内置的滤网，用于过滤冰块和其他固体物质，以确保调酒时饮料的顺滑口感。盖子部分通常带有一个密封橡胶垫，可以确保在摇动过程中不会发生泄漏。

考布勒摇酒壶的使用方法

波士顿摇酒壶的使用方法

波士顿摇酒壶（见图2-18）由两个部分组成：一个金属杯和一个玻璃杯。波士顿摇酒壶的金属杯通常由不锈钢制成，具有较大的容量。金属杯的底部通常有一定的厚度，以增加稳定性和耐用性。波士顿摇酒壶的玻璃杯通常由透明的玻璃制成，容量较小。它的形状类似于一个圆柱体，底部较窄，顶部较宽。玻璃杯的顶部通常有一个倒口，方便倒出调制好的鸡尾酒。

图2-17　考布勒摇酒壶

图2-18　波士顿摇酒壶

波士顿摇酒壶的设计使调制鸡尾酒更加高效和方便。金属杯的大容量可以容纳更多的材料，而玻璃杯的透明性可以让调酒师观察到酒液的混合情况。此外，波士顿摇酒壶的设计也使鸡尾酒在摇晃过程中能够与冰块充分接触，方便快速冷却。

摇酒壶可以通过摇动的方式将酒精和其他材料充分混合，使调制的饮料更加均匀和顺滑。此外，摇酒壶还可以用来制作多种不同的鸡尾酒，如马天尼、莫吉托等。



## 二、搅拌器具

吧匙（见图2-19）是酒吧调酒器具中常见的工具，用于搅拌和搅匀酒精饮料。吧匙通常具有较长的柄，方便调酒师在调制饮料时使用。吧匙的搅拌头通常是扁平的，可以更好地搅拌和搅匀酒精饮料中的成分。吧匙可以由不锈钢、铜或其他金属制成，具有耐用性和易清洁的特点。酒匙能够帮助调酒师制作出口感和味道均衡的酒精饮料。

图2-19　吧匙

## 三、过滤器具

过滤漏斗和过滤网用于过滤鸡尾酒中的固体颗粒和冰块。在酒吧中，过滤漏斗一般搭配过滤网使用，用于过滤酒精饮料中的固体颗粒或冰碴，以确保饮料的质量和口感。过滤漏斗底部较窄、顶部较宽，以便容纳较大的液体量。过滤漏斗和过滤网通常由不锈钢、塑料或玻璃等材质制成，具有耐用性和易清洁的特点，见图2-20。

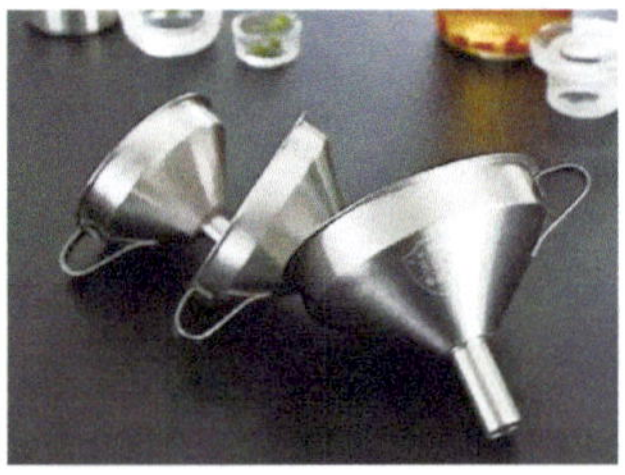

a）过滤漏斗

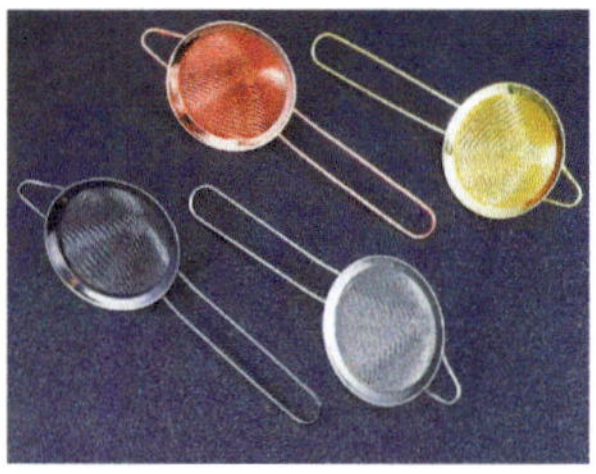

b）过滤网

图2-20　过滤器具

## 四、测量器具

酒吧调酒器具中的量酒器（见图2-21）是一种用于准确测量酒精量和其他调味品量的工具。它通常由玻璃或不锈钢制成，具有不同容量的凹槽或刻度线，用于测量不同的液体量，具有耐用性和易清洁的特点。通过使用量酒器，调酒师可以精确控制饮料中各种成分的比例，以达到所需的口感和味道。

图2-21　量酒器

## 五、制冰器具

酒吧调酒器具中的冰夹和冰桶（见图2-22）是常见的用于存放和使用冰块的器具。

冰夹的夹头通常是扁平的，可以夹住冰块并将其放入酒杯中。冰夹一般由不锈钢、铜或其他金属制成，具有耐用性和易清洁的特点。

图2-22　冰夹和冰桶

冰桶通常具有较大的容量，可以存放大量的冰块。冰桶一般由不锈钢、铜或玻璃制成，具有耐用性和易清洁的特点。冰桶主要用于存放冰块，以备调制饮料时使用。冰桶的隔热层可以使冰块保持冰凉和不融化。

## 六、研磨器具

研磨棒（见图2-23）是一种长柄工具，通常由木材或不锈钢制成，用于将水果、草药、糖等原料研磨或压碎，以释放其香味。研磨棒通常具有较长的柄，方便调酒师在调制饮料时使用；研磨头通常是扁平的或圆形的，用于研磨或压碎原料。

例如，在制作莫吉托时，调酒师会使用研磨棒将薄荷叶和糖块磨碎，使其与其他成分充分混合；也可以用于压碎糖块，以便更好地使其溶解于饮料中。

图2-23　研磨棒

## 七、点火器具

酒吧调酒器具中的火机是一种常见的工具，用于点燃酒吧中的蜡烛、鸡尾酒中的香料等。

## 八、其他器具

### 1. 酒标签

酒吧调酒器具中的酒标签是用于标识和展示酒瓶信息的标签。它们通常附着在酒瓶的前面或背面，提供关于酒的品牌、产地、葡萄品种、酒精度数、年份等重要信息。

在酒吧中，调酒师和服务员可以通过阅读酒标签来了解酒的特点和适宜的搭配，以提供更好的产品和服务。同时，酒标签也在酒吧营销和展示酒品牌方面起到了重要作用。

### 2. 酒塞

酒吧调酒器具中的酒塞是一种用于封闭酒瓶的工具，它可以保持酒瓶中的酒精饮料的新鲜度和品质。酒塞通常具有良好的密封性能，可以有效地封闭酒瓶，防止酒精饮料的氧化和挥发。酒塞一般由橡胶、塑料、金属等材质制成，具有耐用性和可重复使用的特点。酒塞的外形设计多样，有些酒塞还带有把手或拉环，方便使用者插入和取出。

酒吧调酒器具在调制鸡尾酒、提升饮品质量、提高工作效率、创造独特体验和保证卫生安全等方面发挥着重要的作用。

**知识卡片**　家庭鸡尾酒调制小器具——冰格

在家里制作鸡尾酒时，一般的器具都可以用现有的厨房用具代替，只有冰块需要特别制作，推荐使用食品级硅胶质地的软质冰格，方便取用，大小选择2.5cm见方的小型冰格即可。

## 任务介绍

同学们，结合酒吧的相关理论知识，根据酒吧的特点、需求，以及调酒器具的基础知识，完成调酒器具的使用与练习。

## 任务实施

本任务实施选取酒吧常用的量酒器进行练习，根据量酒器的知识介绍，完成使用操作。

### 使用量酒器测量酒水分量

第一步：选择使用较多的中号量酒器（小端部容量为30ml，大端部容量为45ml），确保量酒器内无液体残留。

第二步：使用拇指与食指捏住量酒器的中间（也可使用中指和食指夹取，显得更加美观、优雅，同时不易使量酒器内液体升温，影响口感），眼睛观察量酒器内壁的刻度线，将量酒器倾斜至适当角度，将酒瓶的瓶口对准量酒器的中心孔，缓慢倒入酒水，直到液面达到所需刻度，分别完成10ml、20ml、30ml、45ml的测量。

第三步：将量酒器放置在平整的桌面上，等待液面稳定。如果液面超过所需刻度，使用酒匙或其他工具轻轻调整液面，使其与所需刻度相符。

第四步：将酒精缓慢倒入调酒杯或其他容器中，倒出时要保持速度的稳定。

第五步：使用完毕后，清洁量酒器，以防止交叉污染和酒精残留。

## 学习评价

根据要求进行任务实施后，以小组为单位进行师生评价。

| 评价项目 | 分数 | 学生自评（50%） | 教师评分（50%） | 总分 |
|---|---|---|---|---|
| 掌握酒吧调酒器具的分类 | 20 | | | |
| 能够正确使用各种调酒器具 | 30 | | | |
| 具备运用调酒器具进行调制鸡尾酒的技能 | 30 | | | |
| 学习态度端正、遵守纪律 | 10 | | | |
| 能进行团队协作、沟通顺畅 | 10 | | | |

## 拓展阅读 鸡尾酒装饰

除了酒吧的基本调酒器具，还有一些物品可以让鸡尾酒更加出彩，但要注意不要过分装饰，以免喧宾夺主。

装饰签：装饰签可以用于鸡尾酒的装饰，使鸡尾酒看起来更加美观和有特色。装饰签的种类很多，例如彩色小伞签、水果签、烟花签等。

水果和糖浆：水果和糖浆是调制鸡尾酒的常用辅助材料。例如，柠檬、橙子、草莓等水果可以用来装饰鸡尾酒，同时也可以使用各种口味的糖浆来增加鸡尾酒的甜味和口感。

气泡水机：气泡水机可以制作各种气泡水，为鸡尾酒增添清新口感。

喷香机：喷香机可以为鸡尾酒添加香气，如橙花、薰衣草等香气。

装饰草：这些小装饰物可以用于鸡尾酒的装饰，使鸡尾酒看起来更加美观和有特色。

干花：干花可以为鸡尾酒增添一份雅致和浪漫。

彩带：彩带可以为鸡尾酒增添一份节日气氛。

蜡烛：蜡烛可以为鸡尾酒增添一份温暖和浪漫。

# 实训练习

## 一、单选题

1. 量酒器的作用是（　　）的分量。

A. 度量酒水　　B. 度量饮料

C. 度量水果　　D. 度量白开水

2. 酒吧的盛酒器具不包括（　　）。

A. 水杯　　B. 鸡尾酒杯

C. 茶杯　　D. 啤酒杯

## 二、实操题

某酒吧调酒器具需要重新采购与更换，为了提高酒吧调酒师的工作效率，现需要重新制订酒吧调酒器具用途与功能的使用手册，请找出五个常用的酒吧调酒器具，制订其使用手册。

# 项目三

# 认识调酒师

## 项目提要

学习调酒技艺的前提是要正确认识调酒师这个职业，本项目主要介绍调酒师的工作职责和职业素养等基础知识，需掌握作为一名调酒师需要具备的职业素养、专业知识和专业技能，加深职业认同感。

## 项目目标

- 熟悉调酒师的基本岗位职责。
- 知晓调酒师的职业素养。
- 能够合理规划个人的职业成长与发展。

## 项目内容

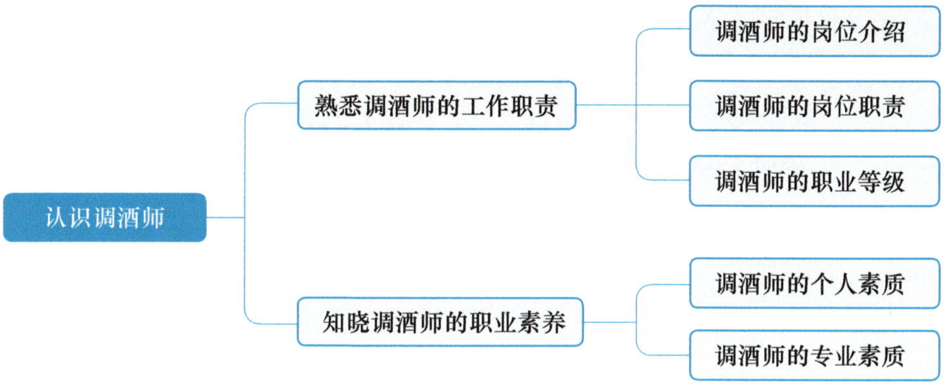


## 任务一　熟悉调酒师的工作职责

### 任务目标

- 掌握调酒师的岗位职责。
- 熟悉调酒师的职业等级。

## 知识储备

### 一、调酒师的岗位介绍

调酒师是酒吧、餐厅或酒店等餐饮场所中的专业调酒人员，负责调制和提供各种酒类饮品，包括鸡尾酒、烈酒、啤酒等。调酒师需要对各种酒类有深入了解，包括产地、口感、特点等，能够向顾客介绍各种酒类的特点和品鉴方法。调酒师需要掌握各种鸡尾酒的调制方法和调配技巧，能够根据顾客的口味偏好调制出高质量的饮品，同时具备创造独特饮品体验的能力。调酒师需要与顾客进行互动，了解他们的口味偏好，并根据需求提供个性化的饮品服务，营造愉快的用餐和饮酒氛围。调酒师还需要不断创新，开发新的饮品配方和饮品体验，同时参与酒吧的推广活动，提升酒吧的知名度和竞争力。

调酒师是餐饮场所中的专业人员，除了掌握酒类知识和调制技能外，还需要具备良好的沟通和服务能力，以及创新能力和推广能力，为顾客带来愉悦的饮酒体验同时，能够提升餐饮场所的竞争力。

### 二、调酒师的岗位职责

调酒师在酒吧、餐厅或酒店等餐饮场所中属于重要岗位，其岗位职责如下：

（1）清理吧台区域　每天上班后，调酒师需要清理吧台区域，包括打扫卫生、清洗器具等，保持吧台区域的整洁和卫生，清洁消毒所有调酒用具。

（2）准备酒水　调酒师需要根据当天的客流量和需求，准备足够的酒水，包括调制各种鸡尾酒所需的酒水、果汁、糖浆等。

（3）调制鸡尾酒　根据客人的点单情况，调酒师需要调制各种鸡尾酒，保证出品的质量和口感；同时注意节约原材料，检查小吃和酒水的质量情况（特别是已开封的）。

（4）销售酒水　调酒师需要根据客人的需求和喜好，精通业务知识，熟悉各种酒水的特性、饮用方式和服务方法，向客人推荐合适的酒水，促进酒水的销售。

（5）保养设备　调酒师每天先检查酒吧内各种设备设施是否运转正常，定期保养调酒设备和器具，包括清洗、消毒、维修等。

（6）填写报表　调酒师需要根据公司的要求，填写相关的报表和记录单，包括酒水销售日报表、原材料进销存表等，知悉相关材料的使用情况，定期进行清点。

### 三、调酒师的职业等级

根据调酒师国家职业技能标准，调酒师职业等级分为五个层次：初级调酒师（国家职业资格五级）、中级调酒师（国家职业资格四级）、高级调酒师（国家职业资格三级）、技师调酒师（国家职业资格二级）和高级技师调酒师（国家职业资格一级）。

调酒师的职业能力特征：具有敏锐的色觉、视觉、嗅觉和味觉，具有较强的语言表达能力和动作协调性；具有一定的计算能力。

## 任务介绍

同学们，结合调酒师的相关理论知识，根据调酒师的岗位职责和调酒师职业等级的内容，为调酒师设计一份职业成长规划方案。

## 任务实施

本任务实施结合调酒师的实际发展与长远规划，根据调酒师的岗位职责和职业等级内容，设计调酒师个人的职业成长规划方案，呈现清晰的职业成长路径。

### 调酒师职业成长规划方案设计

第一步：构思和设计方案模块，内容应包括个人信息、职业发展目标、学习培训计划、实践积累等内容。

第二步：进行自我评估，剖析自己的兴趣爱好和优势特长，明确自己想要从事调酒行业的具体领域，如酒吧、餐厅、酒店等。

第三步：设定填写各个板块的内容与目标。

第四步：可插入图片、链接等，更直观地表述重要节点的规划与成长目标。调整布局和格式，完成排版。

调酒师职业成长规划方案可参考以下样例：

调酒师职业成长规划方案

| 姓名 | 年龄 | 性别 | 籍贯 |
| --- | --- | --- | --- |
| | | | |
| 一、未来寄语 | | | |
| 二、目标设定 | 短期目标 | | |
| | 中期目标 | | |
| | 长期目标 | | |
| 三、学习培训 | 参加职业培训课程 | | |
| | 阅读相关书籍和资料 | | |
| | 其他形式 | | |
| 四、实践积累 | 参加实习 | | |
| | 参加实践活动 | | |
| | 个人技能练习 | | |
| 五、职业展望 | | | |

## 学习评价

根据要求进行任务实施后，以小组为单位进行师生评价。

| 评价项目 | 分数 | 学生自评（50%） | 教师评分（50%） | 总分 |
| --- | --- | --- | --- | --- |
| 掌握调酒师的岗位职责 | 20 | | | |
| 熟悉调酒师的职业等级 | 30 | | | |
| 具备调酒师岗位专业技能 | 30 | | | |
| 学习态度端正、遵守纪律 | 10 | | | |
| 能进行团队协作、沟通顺畅 | 10 | | | |

**拓展阅读** 调酒师职称鉴定的内容

调酒师职称鉴定是指对调酒师的技能和专业知识进行评估和认证，以确定其职业等级和技能水平。调酒师职称鉴定的意义在于提高调酒师的职业素质和技能水平，促进酒吧行业的发展和规范化，同时也可以提高调酒师的职业荣誉感和归属感。

（1）酒类知识　学习各种酒类的知识，包括啤酒、葡萄酒等，了解其产地、酿造方法、口感特点等。

（2）调酒技巧　学习各种调酒技巧，如摇酒、滤冰、装饰等，以及如何调制各种鸡尾酒。

（3）吧台管理　学习如何管理吧台，包括人员分工、库存管理、设备维护等。

（4）客户服务　学习如何为客户提供优质服务，包括礼貌用语、细心周到地照顾客户等。

（5）营销策略　学习如何营销，包括推广酒吧品牌、吸引客户、提高客户满意度等。

（6）成本控制　学习如何控制成本，包括采购、库存、人力等方面的成本控制。

（7）行业法规　学习行业法规，包括食品安全、卫生等方面，以及如何遵守相关法规。

（8）实操训练　进行实际操作训练，包括调制各种鸡尾酒、应对突发情况等。



## 实训练习

### 一、单选题

1. 调酒师资格认证分为（　　）个层次。

A. 三　　B. 四　　C. 五　　D. 六

2. 调酒师的工作不包含（　　）。

A. 做好酒吧内的清洁卫生工作，清洁消毒所有调酒用具

B. 检查各种调酒设备器具是否运转正常

C. 检查客人到店情况

D. 在冰池内加满冰块以备营业时使用

3. 调酒师的职业能力特征不包括（　　）。

A. 敏锐的味觉　　B. 较强的语言表达能力

C. 较强的动作协调性　　D. 非常高的外语水平

### 二、实操题

请同学们通过网络搜索了解知名调酒师的职业生涯经历，制订一份个人职业晋升目标计划。

## 任务二　知晓调酒师的职业素养

### 任务目标

- 掌握调酒师的个人素质要求。
- 掌握调酒师的专业素质要求。
- 能够设计并制作一份客户投诉和意见单，并完成事件处理。

## 知识储备

### 一、调酒师的个人素质

#### 1. 仪容仪表

仪容仪表是调酒师给顾客的第一印象，一种干净、清爽、干练、彬彬有礼的形象能带来最佳的工作效果，从而取得服务接待的成功，这是调酒师最基本也是最主要的素质要求之一。调酒师的仪容仪表主要包括仪容修饰、服装搭配、工作仪态、面部动作、礼貌用语等内容。

#### 2. 身体素质

由于调酒师的工作环境特殊，夜班往往比较多，所以，调酒师要有比较强健的体魄，否则就会在长期的夜班工作中消耗体力和脑力，最终影响身体健康而无法工作。

#### 3. 文化素质

如果调酒师没有基本的文化知识和常识就会在工作中出现失误。如酒品调制主要是以西洋酒为主料，调酒师除了要具备关于西方历史文化的知识之外，还要了解和掌握酿酒基本原理、饮料、酒吧、酒单与酒谱、食品营养卫生、酒吧设备等的相关知识。否则就会由于基本知识的不足造成工作效率低下，甚至影响酒吧或餐饮机构的形象。

#### 4. 思想道德素质

个人思想道德素质主要体现在日常生活中的言行举止、价值观念以及对社会和他人的态度上。作为调酒师，应具备良好的个人思想道德素质，如品行端正，诚实守信，遵守法律法规，不违法乱纪；爱岗敬业，积极进取，对工作负责，拥有创新精神；尊重他人，礼貌待人，热情友善的接待和服务客户；爱护环境，厉行节约，杜绝浪费，践行绿色生产生活方式。

### 二、调酒师的专业素质

调酒师的专业素质主要体现在对酒类知识、调酒技能、创新能力等多个方面的掌握，专业的技能能够给调酒师带来更强的竞争力。

#### 1. 酒类知识

调酒师应具备丰富的酒类知识，包括各种酒类的特点、产地、口感、品鉴方法等，能够向顾客传达专业的酒类知识，提供专业的饮品建议和推荐。

#### 2. 调酒技能

调酒师应精通各种鸡尾酒的调制方法和调配技巧，能够根据顾客的口味偏好调制出高质量的饮品，具备为顾客创造独特饮品体验的能力。

#### 3. 创新能力

调酒师应具备创造力和创新能力，能够不断创新，开发新的饮品配方，为顾客带来独特的味觉享受，提升餐饮场所的竞争力。

### 4. 品鉴能力

调酒师应具备敏锐的品鉴能力，能够准确地鉴别酒类的品质和口感特点，从而为顾客提供更好的服务。

### 5. 沟通和服务技能

调酒师应具备良好的沟通和服务技能，能够与顾客进行互动，了解他们的口味偏好，提供个性化的饮品服务，营造愉快的用餐和饮酒氛围。

### 6. 职业道德

调酒师应遵守职业道德规范，具备专业的职业操守和敬业精神，对待工作认真负责，以诚信、敬业的态度为客人提供优质的服务；能够在繁忙的工作环境中保持高效的工作状态，确保饮品质量和提升顾客满意度。



### 7. 酒单管理能力

参与酒单的设计和管理工作，负责选择和推荐各种高品质的酒类饮品，以及开发新的饮品配方，确保酒单的多样性和质量。

调酒师的专业素质能够帮助调酒师为顾客提供高品质的饮品体验，提升餐饮场所的竞争力和知名度。酒水是调酒师与客人交流的媒介，为顾客推荐和调制一杯满意的鸡尾酒是调酒师的职责所在；同时，合理地引导顾客进行消费，努力记住顾客的习惯和喜好，尽可能带来二次销售，是调酒师的基本专业素质。

## 任务介绍

同学们，根据调酒师职业素养相关理论知识，结合调酒师职业所需具备的沟通与交流能力、突发情况应变能力等，深入剖析顾客的需求，妥善处理顾客的投诉。

## 任务实施

针对任务情境中描述的投诉事件，假如你是调酒师，请根据所学知识并联系生活实际，安抚顾客情绪，解决投诉事件，并填写“顾客投诉和意见单”。

任务情境：某酒吧内，服务人员接到顾客的投诉，顾客表示刚刚点单的一款鸡尾酒喝起来有一股奇怪的味道，顾客怀疑酒水过期变质了或是水果不新鲜，为此顾客很是不满。

**顾客投诉和意见单**

| 顾客姓名 | 联系方式 | 顾客地址 | | |
| --- | --- | --- | --- | --- |
| | | | | |
| 订单日期 | 订单时间 | 台号 | 服务员姓名 | 服务员工号 |
| | | | | |
| 投诉或意见的详细描述： | | | | |

（续）

| | | | |
|---|---|---|---|
| 解决过程和解决方案： | | | |
| 顾客是否接受解决方案： | | | |
| 顾客签名 | | 日期 | |
| 投诉、意见产生的原因 | | | |
| 持续改进措施 | | | |
| 顾客回访情况 | | | |



## 学习评价

根据要求进行任务实施后，以小组为单位进行师生评价。

| 评价项目 | 分数 | 学生自评（50%） | 教师评分（50%） | 总分 |
|---|---|---|---|---|
| 掌握了调酒师的个人素质要求 | 20 | | | |
| 掌握调酒师的专业素质要求 | 20 | | | |
| 能够处理顾客意见和投诉 | 20 | | | |
| 具备顾客关系维护技能 | 20 | | | |
| 学习态度端正、遵守纪律 | 10 | | | |
| 能进行团队协作、沟通顺畅 | 10 | | | |

## 拓展阅读 调酒师专业地交付酒水

调酒师在交付酒水时，需要注意细节和服务质量，以体现调酒师的职业素养。通过礼貌用语、专业知识、准确交付、吧台维护、快速反应和个人形象等方面的表现，提升顾客的饮酒体验和对酒吧的满意度。

首先，确保酒水的质量和口感，避免出现质量问题或口感不佳的情况。在调制酒水时，应该注意卫生和清洁，确保使用的材料新鲜、干净、无污染。

其次，和顾客交流时，调酒师应该使用礼貌用语，保持友好的态度，无论是在点单、询问顾客的需求，还是在交付酒水时都应该保持微笑。

同时，调酒师还应该准确地交付顾客所点的酒水，确保酒水的数量、种类、调制方式等与顾客的要求一致。在交付时，应该注意酒水的摆放方式和美观度，以增强顾客的饮酒体验。

最后，调酒师还应该注意吧台的整洁和有序，保持吧台表面的清洁和卫生，以便营造一个干净、整洁的饮酒环境。在顾客需要帮助或遇到问题时，应该快速反应并给予帮助，例如解答顾客的疑问、提供建议或解决问题。

## 实训练习

### 一、单选题

1. 调酒师的职业素养不包括（　　）。

A. 仪容仪表　　B. 文化水平　　C. 专业技术　　D. 英语水平

2. 作为服务行业的一员，职业调酒师不可避免地会接触各色人等，需要具备（　　）。

A. 自我平衡　　B. 自我控制　　C. 服务意识　　D. 自我内涵

3. 调酒师具备的基本专业技能是酒水知识，掌握各种酒的产地、特点、制作工艺及饮用方法，并能鉴别酒的（　　）、年份等。

A. 质量　　B. 纯度　　C. 口感　　D. 滋味

### 二、实操题

酒吧将组织新员工进行统一培训，介绍酒吧文化和经营理念，作为一名新入职的调酒师，请按照调酒师的职业素养和个人形象要求对自己进行改造，改造后用照片记录下来并进行分享。

# 项目四

# 初识鸡尾酒

## 项目提要

在学习了酒吧和调酒师相关基础知识后，本项目进入初识鸡尾酒环节，介绍鸡尾酒的发展和分类，以及鸡尾酒协会和鸡尾酒大赛相关知识；重点介绍鸡尾酒的四大调制方法，包括摇和法、调和法、兑和法和搅和法。

## 项目目标

- 了解鸡尾酒的发展历史。
- 掌握鸡尾酒的各种分类。
- 学会鸡尾酒的四种调制方法。

## 项目内容

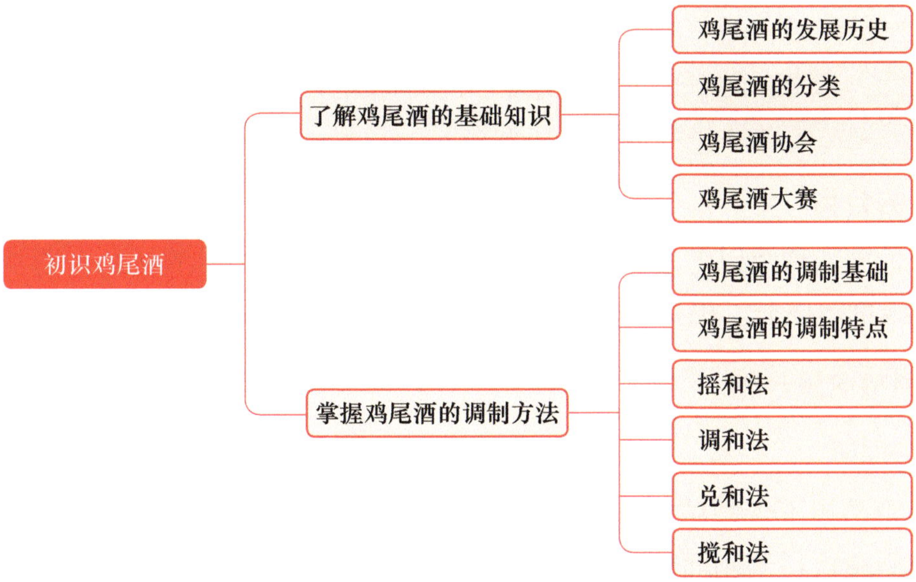


## 任务一　了解鸡尾酒的基础知识

### 任务目标

- 了解鸡尾酒的发展历史。

- 掌握鸡尾酒的各种分类。
- 了解各种鸡尾酒协会和鸡尾酒大赛。

## 知识储备

### 一、鸡尾酒的发展历史

鸡尾酒的发展历史可以从古代、近代和现代三个时间维度来看。

在古代，人们就已经开始使用草药、糖和酒混合制成饮品，用于治疗一些疾病。随着时间的推移，人们开始在基酒中加入水果、香料和其他调味品，以增强口感和创造丰富的味觉层次，这是早期鸡尾酒的雏形。

随着酒吧的出现和发展，鸡尾酒固定为在酒吧中由多种酒混合而成的饮品，并逐渐在美国流行开来。在19世纪末和20世纪初的美国，鸡尾酒的名称也变得多种多样，如“黑俄罗斯”“美式司令”“白俄罗斯”等。同时，各种鸡尾酒配方也开始出现，其中包括一些经典的鸡尾酒如曼哈顿、马天尼和莫吉托等。进入20世纪后，鸡尾酒在美国逐渐普及，并开始流传到其他国家。同时，随着酒吧文化的兴起，鸡尾酒的种类和配方也不断创新和丰富。



现代的鸡尾酒已经不仅仅是一种饮品，更是一种艺术和文化的体现。调酒师通过创新和实验，不断探索和创造出独特和有趣的鸡尾酒。同时，随着鸡尾酒文化的不断发展，各种与鸡尾酒相关的活动如鸡尾酒大赛、调酒研讨会等也开始出现，进一步推动了鸡尾酒文化的传播和发展。

我国最早的鸡尾酒出现在20世纪，当时一些沿海城市开始出现西式酒吧，其中鸡尾酒开始逐渐流行。进入21世纪后，随着经济的发展和消费者对新型饮品的追求，鸡尾酒在我国开始得到广泛认可和流行。未来，随着市场的不断扩大和消费者对高品质、有文化底蕴的鸡尾酒的需求增加，我国的鸡尾酒市场还将继续保持快速增长的趋势。

### 二、鸡尾酒的分类

鸡尾酒是一种由两种及以上的酒或饮料、果汁、汽水混合而成的饮品，通常包含基酒、辅料、装饰物和载冷剂等成分。根据不同的分类标准，可以将鸡尾酒分成不同的类型。

#### （一）根据酒精含量分类

##### 1. 无酒精鸡尾酒

无酒精鸡尾酒是指不含酒精成分的鸡尾酒，通常使用果汁、汽水、糖浆等非酒精饮料调制而成，如热带百香果无酒精鸡尾酒（见图4-1）。这种鸡尾酒适合不能饮酒的人群，或者是在特定场合下需要避免酒精摄入的情况饮用。例如，一些无酒精鸡尾酒会使用柠檬汁、糖浆、苏打水等调制，口感清爽，适合夏天饮用。

图4-1　热带百香果无酒精鸡尾酒

##### 2. 长饮鸡尾酒

长饮鸡尾酒是指酒精含量较高，适合慢慢品味的鸡尾酒。这种鸡尾酒通常使用烈酒作为基酒，加入果汁、汽水等调制而成。长饮鸡尾酒的量较大，需要较长时间才能喝完，适合在社交场合或聚会中慢慢享用。例如，帕拉多克斯鸡尾酒（见图4-2）是一种以伏特加为基酒的长饮鸡尾酒，加入草莓汁和苏打水调制而成，口感清爽。

图4-2　帕拉多克斯鸡尾酒

### 3. 短饮鸡尾酒

短饮鸡尾酒是指酒精含量较低、量较小的鸡尾酒，适合一饮而尽。这种鸡尾酒通常使用低度数的基酒或不含酒精的饮料调制而成，调制方法简单快捷。短饮鸡尾酒适合在短时间内饮用，例如在酒吧或餐厅中品尝几杯。例如，曼哈顿鸡尾酒（见图4-3）是一种以威士忌为基酒的短饮鸡尾酒，由甜味苦艾酒和红石榴汁调制而成，口感浓郁。

图4-3　曼哈顿鸡尾酒

## （二）按照基酒进行分类

基酒就是鸡尾酒调制中的基础酒液，它是构成鸡尾酒的主体，通常能够与其他成分融合，形成鸡尾酒的基本风味。常见的基酒包括伏特加、威士忌、白兰地、朗姆酒、金酒和龙舌兰等。这些基酒各具特色，为鸡尾酒提供了丰富的口感选择。每一款基酒都有自己相对应的鸡尾酒品种，单独与混合调制出来的鸡尾酒也不尽相同，例如：以金酒为基酒的鸡尾酒，如金菲斯阿拉斯加、新加坡司令鸡尾酒（见图4-4）；以威士忌为基酒的鸡尾酒，如老式鸡尾酒罗伯罗伊（见图4-5）。

图4-4　新加坡司令鸡尾酒

图4-5　老式鸡尾酒罗伯罗伊

## （三）根据载冷剂分类

### 1. 以果汁为载冷剂的鸡尾酒

通常使用果汁作为主要的载冷剂，通过添加不同的配料和调味剂来调制出各种口感的鸡尾酒。例如，经典的马天尼酒（见图4-6）就是以伏特加为基酒，加入柠檬汁、苦艾酒和橙皮等调制而成的。

图4-6　马天尼酒

### 2. 以汽水为载冷剂的鸡尾酒

通常使用汽水作为主要的载冷剂，通过添加不同的配料和调味剂来调制出各种口感的鸡尾酒。例如，帕拉多克斯是一种常见的鸡尾酒，以白兰地为基酒，加入柠檬汁、糖浆和苏打水等调制而成，具有清爽的口感和微妙的酸甜味道。

### （四）根据装饰物分类

以水果为装饰物的鸡尾酒，如红粉佳人、龙舌兰日出等；以奶油、巧克力酱等为装饰物的鸡尾酒，如天堂鸟、阿拉斯加、生锈钉等。

### （五）根据口感分类

酸甜适中的鸡尾酒，如曼哈顿、马天尼等；酸味较重的鸡尾酒，如帕拉多克斯等；甜味较重的鸡尾酒，如皇家宾治等。

### （六）根据历史背景分类

#### 1. 经典鸡尾酒

经典鸡尾酒是经过长时间发展和演变而形成的经典配方和风格的鸡尾酒，例如马天尼（Martini）和曼哈顿（Manhattan）等。马天尼（见图4-7）以其干洌、辛辣的口感和独特的配方而闻名，而曼哈顿则以其柔和甜美、香味浓郁典雅的口感和红白相间的外观吸引着人们的目光。

图4-7 马天尼

#### 2. 新创鸡尾酒

新创鸡尾酒是根据现代口味和调制技术而创新出的新配方和风格的鸡尾酒，更加注重创新和个性化。例如，长岛冰茶（Long Island Iced Tea）（见图4-8）是一种新创的鸡尾酒，它以多种烈酒和果汁为基底，加入柠檬片、薄荷叶等装饰物，口感清爽、果香浓郁，受到了很多人的喜爱。

图4-8 长岛冰茶



## 三、鸡尾酒协会

目前世界上较为权威的鸡尾酒协会有美国鸡尾酒协会（United States Bartenders' Guild）和国际调酒师协会（International Bartenders Association）。

美国鸡尾酒协会（见图4-9）是一个非营利性组织，致力于提高酒吧和餐饮行业的专业水平和标准。它的会员包括专业调酒师、餐饮服务人员、酒吧经营者等，涵盖了餐饮行业的各个领域。该协会注重会员的职业发展和个人成长，提供一系列培训和认证计划，帮助会员提高技能水平和管理能力。此外，美国鸡尾酒协会还参与制定了一些行业标准和规范，致力于推动酒吧和餐饮行业的健康发展。

国际调酒师协会（见图4-10）是一个具有全球影响力的鸡尾酒协会，其前身是英国鸡尾酒协会。该协会拥有来自世界各地的会员，致力于推广鸡尾酒文化和交流相关技术。

图4-9 美国鸡尾酒协会

图4-10 国际调酒师协会

在我国，目前还没有官方的鸡尾酒协会，但有一些民间组织致力于推广鸡尾酒文化和交流相关技术，如中国调酒师网、中国酒业协会等。这些组织通常会举办鸡尾酒比赛、培训和交流活动，促进鸡尾酒文化在我国的普及和发展。

## 四、鸡尾酒大赛

目前国际上最具权威的、能展示各国调酒师的技术水平和创意、促进鸡尾酒文化的交流和推广的鸡尾酒大赛为世界杯调酒锦标赛（World Cocktail Championship）（见图4-11）。该比赛由国际调酒师协会主办，每年在不同的国家举办。比赛要求参赛选手在规定的时间内调制出符合主题的鸡尾酒，由评委评分和观众投票决定胜者。

图4-11　第70届世界杯调酒锦标赛

目前，我国鸡尾酒比赛主要是中国鸡尾酒大赛。它是由中国酒业协会主办，成都调酒师协会承办的国内参赛规模大、参与品牌多、参与人员广、专业化和国际化程度高的专业鸡尾酒大赛。该比赛以创新和发展鸡尾酒为宗旨，通过比赛、培训、交流等活动，推动我国鸡尾酒产业的发展和提高调酒师的技术水平。在中国鸡尾酒大赛中，选手需要展示自己的调制技巧和创意，调制出具有特色的美味鸡尾酒。比赛通常分为初赛和决赛两个阶段，初赛通常在各地酒吧或酒店举行，决赛则在中国国际酒业博览会期间举行。

**知识卡片**　中华鸡尾酒

我国自改革开放以来，鸡尾酒逐渐在社交场合上出现，有关的书籍不断发行，一些大城市均举办过不同层次的调酒培训班。1992年在桂林举行的全国旅游系统青年技术技能大赛以及1993年中国青年奥林匹克技能竞赛均将调酒列入赛程，这种大型赛事为我国调酒业的建设与完善奠定了坚实的基础。近年来，以我国名酒为基酒所调制出来的“中华鸡尾酒”在世界上开始崭露头角，并得到国际调酒界人士的高度赞扬。

## 任务介绍

同学们，结合前面所学酒吧的相关知识，结合鸡尾酒的各种类别，选择一家酒吧进行调研，以了解顾客对不同类型鸡尾酒的偏好、消费习惯和需求；对收集的数据进行整理分析，为酒吧饮品菜单优化提出合理化建议。

## 任务实施

第一步：以小组为单位，每组5～8人，确定一家酒吧作为调研对象，各小组成员进行合理分工。

第二步：通过人员访谈、问卷调查、实地观察、销售数据分析等调研方法，针对酒吧各种鸡尾酒受欢迎程度、顾客在选择鸡尾酒时的考虑因素（酒精含量、价格、口味等）、顾客群体特征（年龄、性别、职业等）、顾客偏好等问题，进行数据挖掘和搜集。

第三步：整理和分析数据，对定性数据（如访谈内容）进行内容分析，对定量数据使用统计软件进行分析，并对分析结果进行汇总。

第四步：编写调研报告，总结发现和心得，并对该酒吧饮品菜单优化提出合理化建议。

## 学习评价

根据要求进行任务实施后，以小组为单位进行师生评价。

| 评价项目 | 分数 | 学生自评（50%） | 教师评分（50%） | 总分 |
|---|---|---|---|---|
| 了解鸡尾酒的发展历史 | 20 | | | |
| 了解各类鸡尾酒协会与比赛 | 20 | | | |
| 掌握鸡尾酒的分类体系 | 40 | | | |
| 学习态度端正、遵守纪律 | 10 | | | |
| 能进行团队协作、沟通顺畅 | 10 | | | |

### 拓展阅读 城市与鸡尾酒的发展

鸡尾酒在我国的发展历史相对较短，而且受到了多种文化和地域的影响，在其发展过程中一些城市或地区在我国鸡尾酒的发展中扮演了重要的角色。

上海是我国鸡尾酒的重要发源地之一。在20世纪初期，上海是我国最具国际化的城市之一，吸引了来自世界各地的移民和游客。这些移民和游客带来了各种异国文化和饮食习惯，其中就包括鸡尾酒。在上海，许多酒吧开始调制和销售鸡尾酒，逐渐产生了具有上海特色的鸡尾酒文化。

除了上海之外，广州也是我国鸡尾酒的重要发源地之一。广州自古以来就是中外贸易和文化交流的重要枢纽。在广州，鸡尾酒文化与当地饮食文化相结合，形成了独具特色的广州鸡尾酒。

此外，北京、深圳、成都等城市也在我国鸡尾酒的发展中扮演了重要的角色。这些城市吸引了大量的外籍人士和游客，同时也拥有许多优秀的调酒师和酒吧，为我国鸡尾酒的发展提供了良好的环境和条件。



## 实训练习

### 一、单选题

1. 鸡尾酒按照酒精含量分类，可以分为（　　）。
   A. 无酒精鸡尾酒　B. 长饮鸡尾酒
   C. 短饮鸡尾酒　D. 以上均是
2. 常见的基酒不包括（　　）。
   A. 伏特加　B. 威士忌　C. 朗姆酒　D. 曼哈顿
3. 经典的马天尼酒是以（　　）作为载冷剂调制而成的。
   A. 果汁　B. 汽水　C. 伏特加　D. 茶

### 二、实操题

如果你是一名酒吧新入职的调酒师，目前正在接受鸡尾酒发展历史相关内容的培训，需要制订传统鸡尾酒简史手册来熟悉和掌握鸡尾酒知识，请翻阅书籍或上网查找几种传统鸡尾酒的发展概况并制作鸡尾酒简史手册。

# 任务二　掌握鸡尾酒的调制方法

## 任务目标

- 掌握鸡尾酒的调制方法。
- 熟练掌握四种鸡尾酒调制方法的操作过程和技巧。
- 能够熟练使用各种调制方法调制鸡尾酒。

## 知识储备

### 一、鸡尾酒的调制基础

调酒师在调酒之前需要了解鸡尾酒调制的基础知识，包括鸡尾酒的基本构成、调酒工具的使用、各种基酒和辅料的特性。

鸡尾酒通常由基酒、辅料和装饰物组成。基酒是鸡尾酒的主要成分，常见的基酒有白兰地、威士忌、伏特加、金酒等；辅料可以增加鸡尾酒的口感和风味，常见的辅料有果汁、汽水、利口酒等；装饰物可以提升鸡尾酒的美观度和口感，常见的装饰物有樱桃、柠檬片、橙片等。同时，不同的基酒和辅料具有不同的特性和风味，了解其特性和风味有助于调制出符合顾客口味的鸡尾酒。

调制鸡尾酒需要使用一些专门的工具，如摇酒器、量杯、调酒杯等。这些工具的使用对于调制出优质的鸡尾酒至关重要。

调酒时，调酒师需先按配方的要求将所需的基酒、辅料等备齐，整齐地放于工作台调酒制作的专用位置；准备好调酒器具、载杯及装饰物等，然后采用正确规范的调酒方法（摇和法、调和法、兑和法、搅和法）调制酒水并进行装饰、出品。

### 二、鸡尾酒的调制特点

鸡尾酒的调制是艺术的展示，因此拥有多样性和创新性、技术性和艺术性相结合，搭配多样以及个性化定制等特点。

鸡尾酒的调制具有多样性，可以根据不同的基酒、辅料和调酒师的创意，调制出不同口感和风味的鸡尾酒。同时，鸡尾酒的调制也鼓励创新，调酒师可以通过尝试不同的组合和配方，创造出新的鸡尾酒品种。

调制鸡尾酒需要一定的技术和艺术修养。调酒师需要掌握各种调酒技巧，如摇酒、搅拌、滤冰等，同时还需要对色彩、造型等方面有一定的审美能力，使调制出的鸡尾酒不仅好喝，而且具有美感。

鸡尾酒的搭配非常多样，可以与各种食物、饮料和场合相搭配。例如，鸡尾酒可以与小吃、甜点或正餐搭配，也可以在酒吧、派对、婚礼等场合饮用。鸡尾酒的调制可以根据顾客的口味和需求进行个性化定制。顾客可以根据自己的喜好选择基酒、辅料和装饰物，可以要求调酒师根据自己的口味喜好进行调制。

## 三、摇和法

摇和法是指将酒类材料和冰块放入摇酒壶中，然后将摇酒壶盖好，进行上下摇晃，使酒类材料和冰块充分混合，摇晃后将摇酒壶中的酒倒入酒杯中。

### 1. 摇和法的作用

摇和法可以将鸡尾酒的原料充分混合，调整酒的口感，还能达到降温与化水的作用。摇和法是在英式调酒里经常会用到的方法，使用摇酒壶，将密度差异较大的材料或者难以混合的材料快速混合调制，使鸡尾酒味道富有层次感。摇酒壶中的空气在摇和过程中混入液体材料中，鸡尾酒中的液体材料把摇和过程中产生的细小气泡包裹，即使酒精度再高的鸡尾酒也能调制出丰润柔和的口感。

在摇酒器中放入冰块，通过摇动可以使材料自然冷却，调制出低温的鸡尾酒。在摇和的过程中冰块会融化一部分成为冰水，稀释鸡尾酒，这个过程中切勿过度摇和，使冰块过度融化，以免使口感不佳。



### 2. 摇和法的操作过程

摇酒壶有考布勒摇酒壶和波士顿摇酒壶两种（具体介绍及操作演示可观看项目二任务二中的微课1和微课2），本任务以波士顿摇酒壶（见图4-12）为例。

图4-12　波士顿摇酒壶

第一步，将材料依次放入杯中，并加入大约一半的冰。波士顿摇酒壶一般分为厅和杯，厅一般为不锈钢制，杯由玻璃或者亚克力材料制作，有的标有计量标尺，可以用来计量果汁、奶及混合的材料。

第二步，倾斜杯，将厅扣在杯上，厅和杯的一边呈直线，并用手拍击厅的顶部，使厅杯扣紧。

第三步，拿起摇酒壶，杯底朝向自己，防止漏水溅到客人。用惯用手拇指压住杯的底部，其余手指压住杯和厅的连接处，另一只手托住厅的底部。

第四步，把摇酒壶放在身体前，再把它推开，然后再拉回来。摇动的过程中，动作呈现出一个椭圆形，冰块在厅、杯内呈环形运动。

第五步，摇酒结束后，厅在下、杯在上；非惯用手握住厅，惯用手轻轻从直线边拍打下杯，让杯与厅脱离，杯口在厅里转动两圈后拿开；盖上滤冰器，将鸡尾酒迅速倒入杯中。

第六步，清洗调酒器具，归入原位。操作过程见图4-13。

图4-13　摇和法操作过程

## 四、调和法

调和法是将酒类材料和冰块放入调酒杯中，加入适量的水或其他饮料，然后用吧匙或搅拌棒搅拌，使酒类材料和冰块充分混合。调和法的介绍及操作演示可观看项目七任务一中的微课11：调和法调制血腥玛丽。

### 1. 调和法的作用

调和法可以保持鸡尾酒的原味，不产生泡沫，冷却稀释鸡尾酒。在调酒杯中调和材料，材料能够很平缓地进行混合，所以不会损失材料特有的细腻味道。调和鸡尾酒时一定不要剧烈搅拌，避免产生泡沫，适合调制口味细腻且口感润滑的鸡尾酒。

在调酒杯中加入冰块，可以使鸡尾酒在调和时自然降温，使酒的水分增加。但要注意时间，防止过度融化，稀释酒液。

### 2. 调和法的操作过程

在调制鸡尾酒前，调酒杯和酒杯应先进行冷却，可以放到冰杯机里，者在里面装满冰水放置几分钟，然后将冰水倒出，以达到冷却的目的。

第一步，向调酒杯中加入足够的冰块，约占杯子的四分之三，如放入大冰块，应比酒杯小，并不会阻碍吧匙转动。

第二步，向调酒杯中加入原料，从价格较低或体积较小的材料开始。如果出现错误，可以重新开始，不至于浪费大量的原料及昂贵的烈酒。

第三步，将吧匙放入混合的酒水中搅拌，顺时针方向转动吧匙，让勺子背面紧贴调酒杯的杯壁，可以在空杯时反复练习。以稳定的节奏调和约15s后停止。

第四步，用吧匙将酒液滴在手背上品尝，保证用料适度、口味平衡。切忌将吧匙直接放入口中品尝。

第五步，盖上滤冰器，将饮品倒入冷却过的鸡尾酒杯中，观察一下是否有气泡。如果有的话，可以搅动一下，或在将酒倒入酒杯时速度快一些，以便将气泡排出。

第六步，清洗工具，归入原位。操作过程见图4-14。

图4-14　调和法操作过程

## 五、兑和法

兑和法是将酒类材料和饮料直接倒入酒杯中，然后加入适量的冰块，使酒类材料和饮料充分混合。兑和法的介绍及操作演示可观看项目七任务二中的微课15：兑和法调制金巴利苏打。

### 1. 兑和法的作用

兑和法在操作过程中能够保留碳酸气体，防止材料过度混合。使用碳酸饮料的时候，不能使用摇和法，调和法则会使碳酸气体消失，兑和法则可以很好地保留原有的碳酸气体。另外，碳酸饮料喜冷不喜热，热的碳酸饮料气泡消失较快，还会加速杯中冰块融化而增加水分、稀释酒精，以致气泡在口腔里的刺激感没有冷的那么强烈。鸡尾酒调酒的魅力之一就是可以通过摇酒或者搅拌使材料充分混合，产生新鲜的混合味道。但兑和法却与之相反，是为了着重突出酒本身的味道。

### 2. 兑和法的操作过程

第一步，将酒杯冰镇至起雾，然后根据酒杯容量确定冰块的量，一般放入2～4块3cm见方的冰块即可，不要让冰块超过杯口，否则不方便饮用。

第二步，按照配方将辅料加入杯中，然后加入基酒。

第三步，从冰块间隙将碳酸饮料倒入杯中至八分满，如果需要的话，可以用吧匙拨开冰块。

第四步，在不撞击冰块的前提下，迅速将吧匙插入杯中。不要旋转，若有多种基酒或材料在底部时，可轻微提拉一下冰块，然后取出吧匙。操作过程见图4-15。

图4-15　兑和法操作过程

使用兑和法还可以制作分层类鸡尾酒。鸡尾酒分层是一种鸡尾酒制作技巧，通过不同酒水的密度差异，将不同颜色的酒水形成分层，可以制作出美观、有层次感的鸡尾酒。不同酒水的密度是鸡尾酒分层的关键，这取决于酒水的成分、浓度以及温度。一般来说，酒水的密度越大，它所处的位置就越低。甜度较高的饮料或糖浆，密度最大，一般位于最底层；其次是果汁，然后是水，最后是基酒。龙舌兰日出、彩虹鸡尾酒、B52轰炸机等是较为常见的分层类鸡尾酒。

分层类鸡尾酒的调制

## 六、搅和法

搅和法是将酒类材料和冰块放入调酒杯中，用吧匙或搅拌棒搅拌，使酒类材料和冰块充分混合。

### 1. 搅和法的作用

搅和法的操作过程中能够增加鸡尾酒的气体，混合新鲜水果，最独特的是它能调制冰霜风格的鸡尾酒。

调制时，使用电动搅拌机对材料进行剧烈搅拌，可以使空气充分进入材料，比摇酒壶的效果更加明显。酒精度相对较高的酒使用搅拌机之后，口感会完全变化，味道也会大大不同。将新鲜的水果一起放入电动搅拌机内，可以调配出混合果酱风味的、口感顺滑丰润的鸡尾酒。新鲜水果能加强果味鸡尾酒的口感及香味。将材料和冰块一并放入电动搅拌机内，充分搅拌后可以调制出冰沙状鸡尾酒。还可以加入各种材料调味，如奶油、牛奶、巧克力、可可、抹茶等，调制出口味独特的、口感丰润的鸡尾酒。

### 2. 搅和法的操作过程

第一步，搅拌杯中加入碎冰或冰块，有水果原料时，先放水果。冰块的量根据鸡尾酒配方确定。

搅和法调制雪泥蓝色玛格丽特

第二步，搅拌杯中依次加入鸡尾酒材料，盖上搅拌杯盖。

第三步，将搅拌杯放在搅拌机的底座上，搅拌约10s，要注意观察搅拌状态，切勿过度搅拌或搅拌不匀，影响口感。注意搅拌机不能长时间高功率运作。

第四步，关闭开关，在搅拌机完全停止工作时，取下搅拌杯，将搅拌好的鸡尾酒倒入杯中。

第五步，将装饰物放在鸡尾酒上或挂杯，然后出品。操作过程见图4-16。

图4-16 搅和法操作过程

**知识卡片** 鸡尾酒摇和法的诞生

鸡尾酒摇和法的诞生可以追溯到20世纪初。起初，由于没有电力供应，调酒师只能通过手工摇动的方式将冰块和酒混合在一起，以创造出冷饮的效果。这种方法被命名为“摇和法”，并逐渐发展成为鸡尾酒调制的基本方法之一。随着时间的推移，摇和法在鸡尾酒调制中得到了广泛的应用，并成为调酒师必备的技能之一。

## 任务介绍

同学们，结合鸡尾酒的调制基础和调制特点，根据摇和法的操作过程与技巧，选择考布勒摇酒壶进行练习，熟练掌握使用摇和法调制鸡尾酒的技能。

## 任务实施

本任务实施选择考布勒摇酒壶进行练习，要求熟练掌握摇和法的操作步骤和技巧，能使用摇和法独立完成鸡尾酒的调制。

### 考布勒摇酒壶摇和法的练习

第一步：按照配方把辅料、基酒等材料依次加入摇酒壶中，最后加入冰块。一般材料和冰块占壶体60%~70%，需根据材料的多少来选择大、中、小号摇酒壶，见图4-17。

第二步：先将滤冰器盖在上壶体上，再将壶帽盖上，见图4-18。

第三步：摇和时，分为单手持壶和双手持壶两种方式。单手持壶时用食指压住壶帽，中指压住滤冰器，其余三指夹住壶体，手腕发力，让手呈上下线性运动，或者画“8”字形。双手持壶时，左手拇指压住壶帽，其余手指自然放于壶身，右手拇指压住滤冰器，其余手指紧贴壶身（见图4-19）。实际操作时，可根据习惯自由对换左右手的位置。

第四步：握紧摇酒壶，放松背部，用两肩发力，按斜上方→近身前→斜上方→近身前的顺序，重复摇动，次数为15、16次，量多、不易混合的材料或需要摇出泡沫的材料可摇和20～25次，此种方法称为二段式摇和法，见图4-20。

图4-17　加材料

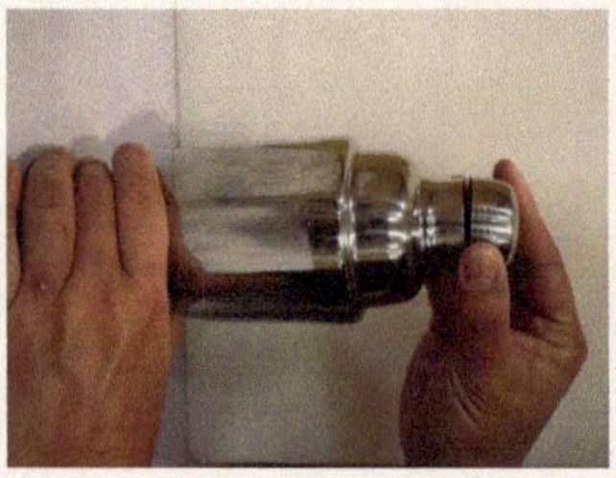
图4-18　盖帽

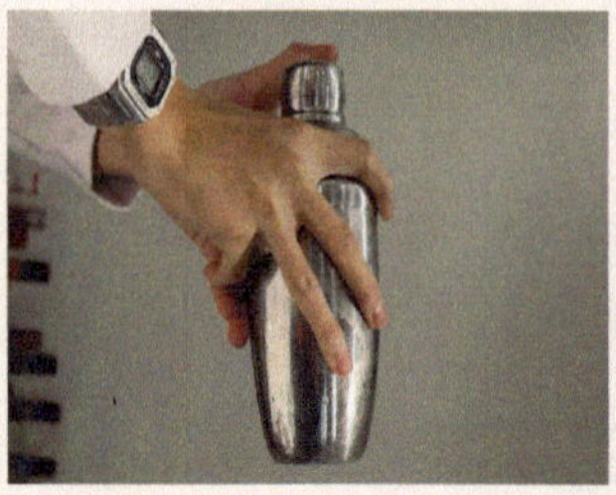
图4-19　双手持壶

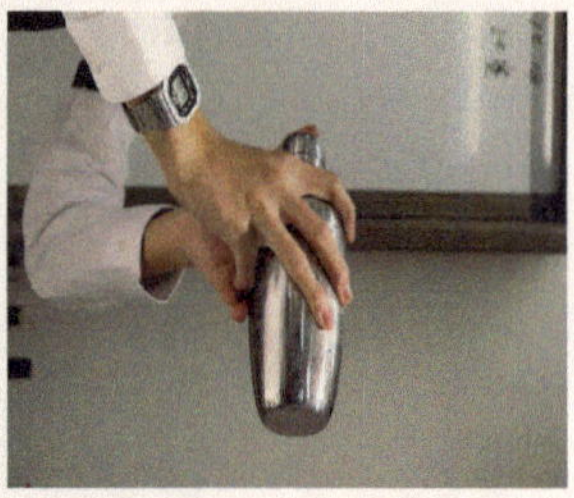
图4-20　摇和

第五步：摇和开始时缓缓加速，结束时缓缓减速，自然而然地结束摇和；然后用手压住滤冰器和壶体，另一只手拧开壶帽，将鸡尾酒全部快速地注入杯中，见图4-21。

第六步：清洗摇酒壶，切勿残留液体，壶帽与上壶体分开放置在吧台。

图4-21　装杯



## 学习评价

根据要求进行任务实施后，以小组为单位进行师生评价。

| 评价项目 | 分数 | 学生自评（50%） | 教师评分（50%） | 总分 |
|---|---|---|---|---|
| 掌握鸡尾酒的调制方法 | 10 | | | |
| 掌握调制方法的基本操作步骤 | 10 | | | |
| 能够正确展示摇和法 | 30 | | | |
| 具备运用摇和法调制鸡尾酒的技能 | 30 | | | |
| 学习态度端正、遵守纪律 | 10 | | | |
| 能进行团队协作、沟通顺畅 | 10 | | | |

## 拓展阅读　鸡尾酒兑和法的诞生

鸡尾酒的兑和法是调酒师们在长期实践中总结出来的调制鸡尾酒的方法。

兑和法是调酒师们为了简化鸡尾酒的调制过程而发明的。在早期，调酒师们需要将各种酒和配料逐一倒入杯中，这不仅烦琐，而且容易出错。为了解决这个问题，他们开始尝试将酒和配料预先混合在一起，然后在需要时直接倒入杯中。

# 实训练习

## 一、单选题

1. 鸡尾酒调制的四大方法不包括（　　）

   A. 摇和法　B. 搅和法　C. 搅拌法　D. 兑和法

2. 鸡尾酒摇和法的作用不包含（　　）。

   A. 降低酒的度数　B. 混合原材料

   C. 调整酒的口感　D. 降温与化水

3. 搅和法的作用不包括（　　）。

   A. 增加鸡尾酒的气体　B. 混合新鲜水果

   C. 调制冰霜风格鸡尾酒　D. 改变酒的口感

4. 使用（　　）调制鸡尾酒时，调酒杯和酒杯在使用前应当先进行冷却。

   A. 兑和法　B. 调和法　C. 摇和法　D. 搅和法

## 二、实操题

除了任务实施中所列举的摇和法的例子以外，调酒师还必须掌握其他三种基本的调酒方法。请选择剩余的一种调酒方法进行练习，并调制一杯鸡尾酒。

# 项目五

# 学习鸡尾酒三维体验系统的建立

## 项目提要

了解了鸡尾酒的基础知识后，本项目进入鸡尾酒三维体验系统的建立环节，介绍鸡尾酒三维体验系统的基础知识，分别从视觉、嗅觉、味觉的效果三个方面来构建鸡尾酒的三维体验系统，包括色彩、层次、装饰、气味、口感等。

## 项目目标

- 掌握鸡尾酒视觉效果建立的原理与技巧。
- 掌握鸡尾酒嗅觉效果建立的原理与技巧。
- 掌握鸡尾酒味觉效果建立的原理与技巧。
- 熟悉鸡尾酒三维体验系统建立的作用。

## 项目内容

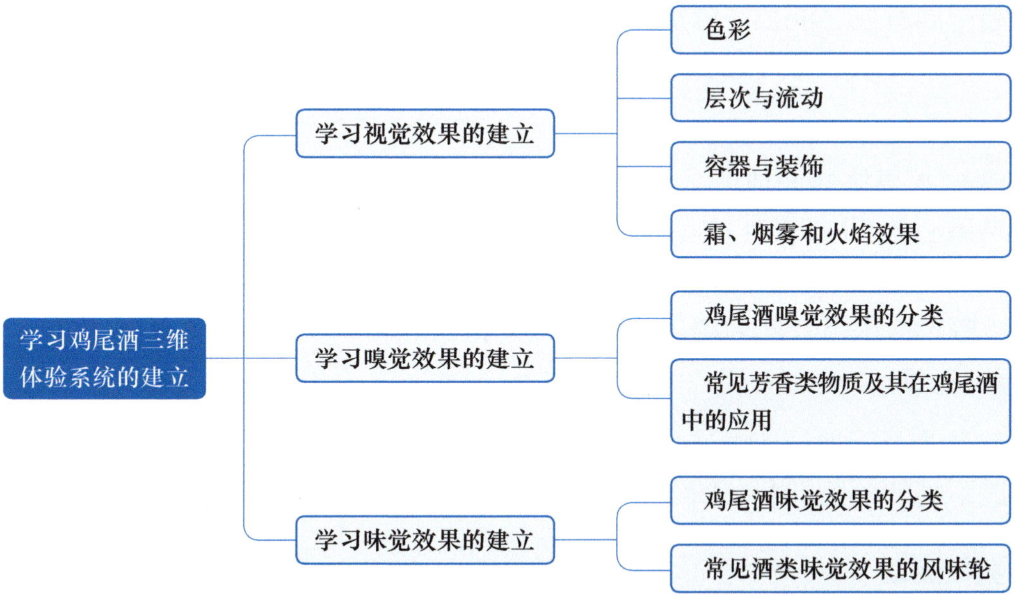

# 任务一　学习视觉效果的建立

## 任务目标

- 掌握鸡尾酒色彩的来源和不同色彩的含义。
- 掌握鸡尾酒层次与流动的作用和技巧。
- 掌握鸡尾酒容器与装饰的搭配。
- 掌握霜、烟雾和火焰效果的作用及调制技巧。

## 知识储备

在鸡尾酒的世界里，视觉效果往往与口感同样重要。一款鸡尾酒的色彩、层次和动感，往往决定了它的吸引力和魅力。

### 一、色彩

色彩是鸡尾酒的第一吸引力。不同的色彩代表着不同的味道和情绪，如红色象征着热情和甜蜜，绿色则带有自然的清新和宁静。在调酒过程中，掌握色彩的搭配和浓度，是制作视觉效果的关键。鸡尾酒中色彩的来源有以下几种：

#### 1. 基酒

除伏特加、金酒等少数几种无色烈酒外，大多数基酒都有自身的颜色，这也是构成鸡尾酒色彩的基础。

#### 2. 糖浆

在调制鸡尾酒时，糖浆是必不可少的材料之一。糖浆一般用于调制果味浓甜的鸡尾酒或果汁，可以为鸡尾酒着色、混色、分层，同时添加各种果味，如红石榴糖浆（深红色）、山楂糖浆（浅红色）、香蕉糖浆（黄色）、西瓜糖浆（绿色）等。

#### 3. 果汁

果汁是通过水果挤榨而成的，具有水果的自然颜色，且含糖量要比糖浆少得多。使用新鲜果汁作为鸡尾酒的原料，可以为其增添自然、清新的色彩。常见的有橙汁（橙色）、香蕉汁（黄色）、椰汁（白色）、西瓜汁（红色）、草莓汁（浅红色）、番茄汁（粉红色）等，这些果汁的颜色既鲜艳又丰富，能为鸡尾酒带来更多层次感。

#### 4. 色素

虽然天然色素是更加健康的选择，但人工色素也能为鸡尾酒带来独特的色彩。在调制过程中，可以尝试不同的颜色搭配，如红绿相间、紫黄搭配等，以创造出独特的视觉效果。

### 二、层次与流动

鸡尾酒的层次和流动也是视觉效果的重要组成部分。通过巧妙的调配，可以让鸡尾酒看起来更有立体感和动感。

### 1. 密度分层

利用不同液体的密度差异，可以实现鸡尾酒酒液的分层，达到层次分明的效果。例如，将密度大的果汁或糖浆放在底部，然后逐渐添加密度小的烈酒或气泡水，就能形成明显的层次效果。

### 2. 摇荡技巧

摇荡技巧是调酒中的一种重要手法，它能让鸡尾酒的各个成分充分融合，同时形成优美的挂壁效果。常用的摇荡技巧包括单手摇荡和双手摇荡。

### 3. 滑顺过渡

在调制过程中，注重液体的滑顺过渡，能让鸡尾酒看起来更流畅、更自然。这需要调酒师熟练掌握摇荡、搅拌等技巧，以实现液体间的完美融合。

## 三、容器与装饰

容器和装饰也是打造鸡尾酒视觉效果的重要元素。一个漂亮的容器和恰到好处的装饰，能增强鸡尾酒的整体美感。

### 1. 容器选择

不同的容器形状和材质，能给鸡尾酒带来不同的视觉效果。例如，用高脚杯能突出鸡尾酒的高雅气质，而用古典杯则更能体现其经典韵味。

### 2. 装饰美化

通过装饰物如水果、薄荷叶等来点缀鸡尾酒，能使其看起来更生动、更富有情感。同时，这些装饰物也能为鸡尾酒增添额外的口感和风味。

## 四、霜、烟雾和火焰效果

### 1. 霜

在鸡尾酒的调制中，霜是一种常见的视觉效果。第一种霜是指在鸡尾酒酒杯外壁形成的一层细小的水珠，通常是由于鸡尾酒杯中的冰块与外界的温度差产生的（见图5-1）；第二种霜是在鸡尾酒调制的过程中，用人工技巧将霜挂到杯口处或杯子边缘（见图5-2）。

图5-1　酒杯外壁上的霜

图5-2　酒杯杯口上的挂霜

（1）视觉效果　霜可以为鸡尾酒增加视觉上的吸引力和美感。在鸡尾酒酒杯上形成的细小水珠可以使鸡尾酒看起来更加清爽和诱人，同时也可以为鸡尾酒的颜色和质地增添一些雾化感。

（2）口感体验　除了视觉效果外，挂霜还可以对鸡尾酒的口感产生影响。第一种霜可以使鸡尾酒的口感更冰爽；而第二种霜可以为鸡尾酒带来一些其他味道，比如糖霜、盐霜、巧克力霜、坚果霜、豆蔻粉霜等，为鸡尾酒增添特殊的香气。

（3）调制技巧　为了在鸡尾酒中形成霜，调酒师通常会采用一些特定的技巧。例如，在酒杯中加入适量的冰块，以产生足够的温度差使酒杯外壁形成霜。此外，调酒师还可以通过用果汁或者巧克力酱等来涂抹杯沿，让其均匀地粘上各类物质，如盐、糖粉、坚果碎、可可粉、碎饼干、豆蔻粉、巧克力针等。

## 2. 烟雾

在鸡尾酒的调制中，烟雾是一种常见的视觉效果（见图5-3）。烟雾可以通过特定的技术和材料添加到鸡尾酒中，为鸡尾酒提供独特的视觉效果和体验。

图5-3　烟雾效果

（1）视觉效果　烟雾可以为鸡尾酒增添神秘色彩。当烟雾萦绕在鸡尾酒杯中或在鸡尾酒表面有一层薄雾时，会给人一种神秘感和吸引力。这种视觉效果可以吸引顾客的目光，使鸡尾酒更加引人注目。

（2）氛围营造　烟雾有利于营造神秘感和浪漫氛围，这种氛围可以让顾客感受独特的鸡尾酒文化，增加其对鸡尾酒的兴趣和好奇心。

（3）调制技巧　为了在鸡尾酒中产生烟雾效果，调酒师通常会使用一些特定的技巧和工具。例如，使用烟熏器或烟雾枪可以将烟雾直接添加到鸡尾酒中，或者使用烟熏木屑在鸡尾酒杯中制造烟雾效果。调酒师需要掌握这些技巧，以确保烟雾的质量和稳定性。

## 3. 火焰

在鸡尾酒的调制中，火焰是一种非常引人注目的视觉效果（见图5-4）。通过使用特定的技术和材料，调酒师可以在鸡尾酒中制造火焰效果。

图5-4　火焰效果

（1）视觉效果　当火焰在鸡尾酒杯中燃烧时，会产生明亮的火光和舞动的火焰，给人一种炫目和引人注目的感觉。这种视觉效果可以吸引顾客的目光，使鸡尾酒更加令人难忘。

（2）氛围营造　火焰有利于营造热情和充满活力的氛围，火焰的明亮和温暖感可以为顾客带来一种独特的体验，增加吸引力和独特性。

（3）调制技巧　为了在鸡尾酒中制造火焰效果，调制师需要掌握特定的技巧并做好安全措施。例如，使用酒精度较高的酒类作为基酒，将其点燃产生火焰效果。调制师需要确保在安全的环境下进行操作，并且熟悉火焰的控制和熄灭的方法，以确保顾客的安全。

调酒过程中的视觉效果是鸡尾酒美感的重要组成部分。通过巧妙地运用色彩、层次和流动，以及选择合适的容器和装饰物，再配以霜、烟雾或火焰的效果，可以创造出令人惊艳的视觉盛宴。而这些视觉效果不仅能让鸡尾酒更具吸引力，还能为顾客带来独特的味觉体验和精神享受。

**知识卡片** 绿色鸡尾酒——青草蜢

青草蜢，又叫绿色蚱蜢，因其使用绿色的薄荷利口酒调制，使得成品的鸡尾酒有着非常清新、明亮的绿色，因此得名。

青草蜢是一款偏甜而充满薄荷味的经典鸡尾酒，一般作为餐后酒来饮用，调制材料包括白可可利口酒、绿薄荷利口酒、牛奶或奶油、装饰用的薄荷叶。在调制时，先依次将所有材料放入雪克壶中，再加入冰块，快速并用力摇和20s左右；之后进行过滤，将过滤后的酒液倒入提前冰镇好的酒杯中，再用薄荷叶进行装饰即可。

在调制时，可以根据口味偏好调整利口酒的用量，摇和时要用力、快速的摇和，这样才会在杯口处产生丰富细腻的泡沫，从而产生上下分层的效果。

## 任务介绍

同学们，结合鸡尾酒视觉效果建立的相关理论知识与操作技巧，根据视觉效果构建的特点以及需求，调制一杯色彩斑斓的彩虹鸡尾酒。

## 任务实施

### 彩虹鸡尾酒的调制

彩虹鸡尾酒是一款多层次、色彩斑斓的鸡尾酒，通常呈现出彩虹一样的颜色层次。它的制作需要小心叠加不同颜色的酒液，以创造出明亮的彩虹效果。

**所需材料：**

红色酒液（如红石榴糖浆）、绿色酒液（如绿薄荷利口酒）、白色酒液（如白可可利口酒）、蓝色酒液（如蓝柑橘利口酒）、黄色酒液（如加力安奴或香蕉利口酒）、无色透明酒液（如君度酒）、棕色酒液（如白兰地或威士忌等）。

**制作步骤：**

1. 准备好所需的酒杯，通常使用利口酒杯（见图5-5）。
2. 在酒杯的最底层，倒入红色酒液，约占酒杯容量的1/7。
3. 之后使用吧匙作为引导，将绿色酒液慢慢倒入酒杯（见图5-6），让其覆盖在红色酒液上，也占据酒杯容量的1/7。
4. 重复以上步骤，依次倒入其余各类颜色酒液，每次都小心叠加到酒杯中。
5. 倒入彩虹鸡尾酒的最上层酒液，通常是白色或棕色的酒液。
6. 不要搅拌鸡尾酒，以保持不同颜色的层次（见图5-7）。

图5-5　利口酒杯

图5-6　引导酒液

图5-7　彩虹鸡尾酒

## 学习评价

根据所学知识技能，练习使用鸡尾酒视觉效果建立的技巧，并进行师生评价。

| 评价项目 | 分数 | 学生自评（50%） | 教师评分（50%） | 总分 |
|---|---|---|---|---|
| 掌握色彩在鸡尾酒调制当中的应用 | 20 | | | |
| 掌握层次与流动在鸡尾酒调制当中的应用 | 20 | | | |
| 掌握容器与装饰的选择技巧 | 20 | | | |
| 掌握霜、烟雾和火焰效果的调制技巧 | 20 | | | |
| 学习态度端正、遵守纪律 | 10 | | | |
| 能进行团队协作、沟通顺畅 | 10 | | | |

## 拓展阅读　视错觉

视错觉就是当人观察物体时，基于经验主义或不当的参照形成的错误的判断和感知，即观察者在客观因素干扰下或者在自身的心理因素支配下，对图形产生的与客观事实不相符的错误的感觉。

日常生活中遇到的视错觉的例子有很多。比如，法国国旗白、蓝、红三色的比例为33∶30∶37，而我们却感觉三种颜色面积相等。这是因为白色给人扩张的感觉，而蓝色则给人收缩的感觉，这就是视错觉带来的影响。

# 实训练习

## 一、单选题

1. 鸡尾酒的颜色对视觉效果的影响是（　　）。

　A. 增加鸡尾酒的口感　　　　B. 增加鸡尾酒的香气

　C. 增加鸡尾酒的视觉吸引力　　D. 没有影响

2. 鸡尾酒的霜、烟雾和火焰效果对鸡尾酒的影响包括（　　）。

　A. 增加鸡尾酒的口感　　　　B. 增加鸡尾酒的香气

　C. 增加鸡尾酒的视觉吸引力　　D. 以上均有影响

3. 鸡尾酒的基础色彩来源于（　　）。

A. 基酒　　B. 糖浆　　C. 果汁　　D. 色素

## 二、实操题

酒吧准备对酒吧的酒单进行重新设计，你作为酒吧的调酒师，请帮助酒吧设计一份色彩斑斓、独具吸引力的酒单，并制作PPT展示你的方案。

# 任务二　学习嗅觉效果的建立

## 任务目标

- 掌握鸡尾酒嗅觉效果建立的知识与技巧。
- 熟悉常见芳香类物质的种类和特点。

## 知识储备

### 一、鸡尾酒嗅觉效果的分类

当谈到对鸡尾酒的感官体验时，嗅觉是一个非常重要的方面。通过香气的丰富和复杂性，鸡尾酒可以为顾客带来独特的感受和味觉联想。鸡尾酒的嗅觉效果有以下几类：

#### 1. 水果类鸡尾酒

水果类鸡尾酒通常具有浓郁的水果香气，如柑橘、草莓、菠萝等。例如，莫吉托鸡尾酒中的薄荷和青柠的香气、马天尼鸡尾酒中的橙皮和樱桃的香气。

#### 2. 草木类鸡尾酒

某些鸡尾酒以花香或草本植物香气为特色。例如，金酒（Gin）鸡尾酒中杜松子和柠檬皮的香气、薰衣草鸡尾酒中的薰衣草花香。

#### 3. 烟熏类鸡尾酒

一些鸡尾酒含有烟熏的成分或使用烟熏工艺调制，给鸡尾酒带来独特的烟熏香气。例如，烟熏古典鸡尾酒中使用的烟熏木屑可以散发出浓郁的烟熏香气。

#### 4. 香料类鸡尾酒

一些鸡尾酒会使用各种香料作配料，如肉桂、丁香、姜等，给鸡尾酒增加独特的香气。例如，温暖的冬季鸡尾酒中使用的肉桂和丁香可以散发出温暖和辛辣的香气。

### 二、常见芳香类物质及其在鸡尾酒中的应用

在鸡尾酒制作中，调酒师需要根据不同的鸡尾酒类型和口味需求，选择合适的芳香类物质，并掌握对应的使用方法和比例，以确保鸡尾酒的口感和香气质量。在鸡尾酒中，芳香类物质通常是通过添加香草、香料、水果、植物等成分来实现的。

### 1. 常见的芳香类物质

（1）杜松子　杜松子是一种常用于制作鸡尾酒的香料，其具有清新的松针香气，通常用于制作金酒马天尼等鸡尾酒。

（2）薄荷　薄荷是一种清新的香草，其具有清凉的香气和味道，通常用于制作莫吉托、薄荷酒等鸡尾酒。

（3）柠檬皮　柠檬皮是一种常用的香料，其具有清新的柠檬香气，通常用于制作马天尼、君度柠檬等鸡尾酒。

（4）肉桂　肉桂是生产生活中常用的香料之一，其具有浓郁、独特的肉桂香，通常用于制作温暖的冬季等鸡尾酒。

（5）薰衣草　薰衣草是一种常见的花卉，其具有淡雅的花香，通常用于制作薰衣草鸡尾酒。

### 2. 芳香类物质在鸡尾酒中的应用

芳香类物质可以为鸡尾酒增添独特的香气和味道，从而提升鸡尾酒的品质。以下是一些使用芳香类物质进行创意鸡尾酒调制的方法：

（1）香草　香草具有丰富的香气和味道，调酒师常使用香草豆、香草精油或香草糖浆来调制鸡尾酒。例如，将香草豆放入酒瓶中与酒精浸泡一段时间，可以使酒获得香草的香气和味道。

（2）香料　各种香料如肉桂、丁香、豆蔻等都可以用于调制鸡尾酒，可以将这些香料加入酒精中进行浸泡，或者使用香料糖浆来增添香气和味道。例如，将肉桂棒放入伏特加中浸泡，可以制作出具有浓郁肉桂香气的鸡尾酒。

（3）水果　水果也是常用的芳香类物质之一，可以为鸡尾酒带来丰富的果香和果味。调酒师常使用新鲜水果、果汁或果皮来调制鸡尾酒，如使用柠檬或橙皮进行装饰，可以为鸡尾酒增添柑橘的香气。

（4）薰衣草　薰衣草是一种具有独特花香的芳香类物质，可以用于调制出具有创意的鸡尾酒，常使用薰衣草精油或薰衣草糖浆来为鸡尾酒增添薰衣草的香气。例如，将几滴薰衣草精油加入鸡尾酒中，可以为鸡尾酒带来芳香的薰衣草味道。

**知识卡片　莫吉托嗅觉分析**

莫吉托是一种以白兰地、薄荷、青柠和糖浆为主要成分的鸡尾酒，它的嗅觉特点主要来自薄荷和青柠的香气。以下是莫吉托的嗅觉分析：

薄荷香气：莫吉托中使用的薄荷是其最重要的香气来源之一。薄荷的香气清新、清爽，有一种清凉感，可以为鸡尾酒带来一种清新的感觉。薄荷的香气通常是通过莫吉托中加入的薄荷叶来释放的。

青柠香气：青柠是莫吉托中另一个重要的香气来源。青柠的香气酸爽、清新，有一种柑橘类水果的味道，可以为鸡尾酒带来一种清新的感觉。青柠的香气通常是通过莫吉托中加入的青柠汁来释放的。

糖浆香气：莫吉托中加入的糖浆可以为鸡尾酒带来一种甜味和香气。

## 任务介绍

同学们，结合学习的嗅觉效果建立的相关理论知识，根据芳香类物质的种类及其特点，请尝试利用嗅觉辨别鸡尾酒中的芳香类物质，并进行记录。

## 任务实施

### 利用嗅觉辨别芳香类物质

**所需材料：**

芳香类物质样本（柠檬酸、苦精粉、白糖、盐等）、空白样本（如纯净水）、小型玻璃杯、记录表。

**制作步骤：**

1. 准备样本：将芳香类物质样本分别放入小型玻璃杯中，并用水将每一种物质调兑成三种不同浓度的液体，并分别做上标记。同时，准备空白样本（如纯净水）作为对比。

2. 嗅觉识香：请同学们一一闭上眼睛用嗅觉辨别样本中的芳香类物质，并对识别后的物质进行介绍。

## 学习评价

根据所学知识技能，练习使用鸡尾酒嗅觉效果建立的技巧，并进行师生评价。

| 评价项目 | 分数 | 学生自评（50%） | 教师评分（50%） | 总分 |
|---|---|---|---|---|
| 掌握鸡尾酒嗅觉效果建立的知识和技巧 | 20 | | | |
| 熟悉常见芳香类物质在鸡尾酒中的应用 | 30 | | | |
| 能够辨别出各类芳香类物质 | 30 | | | |
| 学习态度端正、遵守纪律 | 10 | | | |
| 能进行团队协作、沟通顺畅 | 10 | | | |

## 拓展阅读 为什么榴莲“又臭又香”？

2017年，新加坡研究人员首次完成榴莲的全基因组测序，终于完整地揭开了榴莲气味的秘密。原来，榴莲包含了臭鸡蛋味、臭鼬味、金属味、橡胶味、腐烂洋葱味、香草味、奶油味等50多种气味，这些气味通常被归为两类——臭和香。

为什么有的人感觉香，有的人感觉臭呢？

气味由空气中的各种气味分子组成，鼻子内壁有很多化学感受器。气味分子像一把“钥匙”，可以唤醒不同的神经细胞，让人能够闻到。而同一种气味，感受器不同，感知也就不同。每个人都有几百个基因专门负责鼻子里的感受器，而这些基因又有超过几十万种不同的变化。科学家在实验室通过对比不同人的基因，发现任何两个人鼻内大约30%的嗅觉感受器是不同的。感受器不同，感知到的气味也是不同的。这也是为什么有的人闻着榴莲觉得香，有的人闻着榴莲觉得臭。

## 实训练习

### 一、单选题

1. 莫吉托鸡尾酒中的香气来源于（　　）。

A. 肉桂　　B. 薄荷　　C. 丁香　　D. 橙皮

2. 鸡尾酒中常用的花草类香料有（　　）。

A. 薰衣草　　B. 花椒　　C. 肉桂　　D. 丁香

3. （　　）赋予了啤酒苦味。

A. 大麦　　B. 啤酒花　　C. 泉水　　D. 酵母

### 二、实操题

通过翻阅书籍或上网查阅资料，了解各种鸡尾酒的香气和味道特点，并对鸡尾酒中的芳香类物质使用情况进行总结。

## 任务三　学习味觉效果的建立

### 任务目标

- 掌握鸡尾酒味觉效果建立的知识与技巧。
- 熟悉常见酒类味觉效果的风味轮。



### 知识储备

#### 一、鸡尾酒味觉效果的分类

味觉是对于味道感知的一个重要组成部分。味觉是从味蕾开始的，是由一组感觉细胞构成的，每个味蕾都有非常细小的绒毛，这些绒毛可以对外界的刺激产生反应。味蕾就是在舌头表面那些肉眼可以看见的被称为乳头状突起的微小的褶皱组织。味觉细胞神经末梢可以感知五种主要的味道——甜味、苦味、咸味、酸味和鲜味。整个舌头都可以感知味道，但是某个区域会对某个味道产生尤为明显的反应，这对于品尝和欣赏鸡尾酒具有非常重要的影响。

##### 1. 甜味

甜味可以轻微地减轻鸡尾酒中酒精的味道，抑制大脑对酒精的刺激感。同时，甜味还可以抑制苦味、酸味和咸味。并且，当其他味道加入糖以后，会比原来的味道更让人愉悦，比如常见的甜米酒、自酿的酸甜的葡萄酒等。

##### 2. 苦味

苦味是目前发现的最复杂的味觉感知。跟甜味不同，大多人天生对苦味比较排斥。但是人一旦对苦味物质不排斥的话，反而会喜欢上苦味。比如可可、咖啡、茶，其实都是苦的，而人一旦接受了，反而比甜味的饮品更让人青睐。在混合饮品中加入苦味，让强烈的苦味和其他味道和香气融合在一起，可以制作出更有意思、更复杂、更有层次感的鸡尾酒。

### 3. 咸味

从感官上来看，咸味可以降低酸味的味觉感受，但是对苦味和甜味的强度影响不大。

依据调酒师的经验，加入少量的盐可以优化鸡尾酒的口感，对于甜香酒、利口酒和果汁糖浆也是如此。盐在鸡尾酒中的应用比较少，应用的典型范例是金利克酒。这种酒基本上就是一款金菲士或者汤姆柯林斯，不同之处在于用青柠代替了柠檬汁。盐在热带地区是非常常见的饮品制作材料，因为适量的盐可以帮助人体保持正常的身体机能。

### 4. 酸味

当人吃到或者喝到非常酸的东西时，面部的咀嚼肌马上会不自觉地收缩和抽搐。在感官测试里，酸味是最容易被尝到的味道。所以通常会在鸡尾酒里用到甜味调和过的酸，以此调配出水果成熟的味道。青柠和柠檬是常用的酸味材料，因为它们的口感相对中性，其中在鸡尾酒的调配中起支配作用的就是酸味。

### 5. 鲜味

鲜味是蛋白质的信号，含蛋白质较多的食物通常会带来较强的鲜味，比如肉、鱼、虾蟹、蛤蜊等。

## 二、常见酒类味觉效果的风味轮

风味轮（也称香气轮盘），简单地说，就是用具体直白的、不易产生歧义的描述语对食品的风味进行细致的描述，并将这些描述语分类、分级，再将分级完的结果整理成圆盘形状的图示来展示的方法。风味其实是嗅觉感官和味觉感官的结合，是一种综合性感受。

风味轮最初起源于人们对葡萄酒的品鉴，通过将葡萄酒分成几个维度，再进一步细分出若干术语来对各个维度进行精确描述，从而帮助品鉴者遵循一个规范可复制的路线来评价一款葡萄酒。后来发展出来了白酒风味轮、威士忌风味轮、茶叶风味轮、咖啡风味轮等。

### 1. 葡萄酒风味轮

葡萄酒风味轮是为了方便葡萄酒爱好者的品尝交流而产生的，提供了一整套葡萄酒气味的标准术语，见图5-8。轮盘中的术语都是确切的、具有分析性的用语，而不是描述感受或者综合性的评价语。特别注意，葡萄酒风味轮只收录了常见的香气种类，并不是全部。

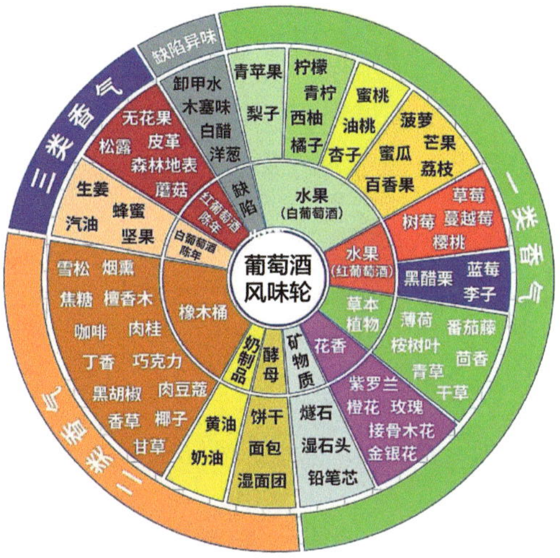


图5-8　葡萄酒风味轮

### 2. 白酒风味轮

我国的白酒以复杂多变、品种繁多著称，对一款酒的评价往往见仁见智、五花八门。为规范白酒的品鉴，我国于2016年颁布了国标《白酒感官品评术语》（GB/T 33405—2016），从此有了中国白酒风味轮（见图5-9）。白酒风味轮将白酒的品鉴分为“香气”“口感”和“口味”三个维度，并确定相应的术语对相关维度进行细致准确的描述。

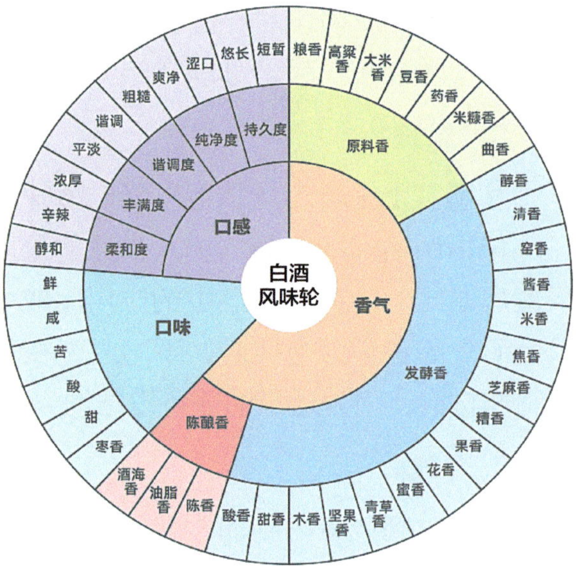


图5-9　白酒风味轮

### 3. 威士忌风味轮

威士忌的香味并不是具体存在的，因此通常都是通过引喻来进行描述，其中既有直喻，如热带百香果或是新割的青草；也有暗喻，如老古董店或是海边的篝火。而风味轮对于品鉴威士忌是一个客观且实用的参照工具，是香气的具象对照表，可以帮助建立威士忌香气体系的认知，甚至是了解各种香气的来源。

威士忌风味轮（见图5-10）分为三层，使用者可以从轮盘的最内一层开始熟悉，对照一下在品鉴威士忌的过程中经常会遇到的各种香气和风味；然后再细致的对照第二层、第三层中具体的气味。另外，风味轮的排列顺序也大致反映了威士忌在生产过程和熟成过程中香气的发展状态。

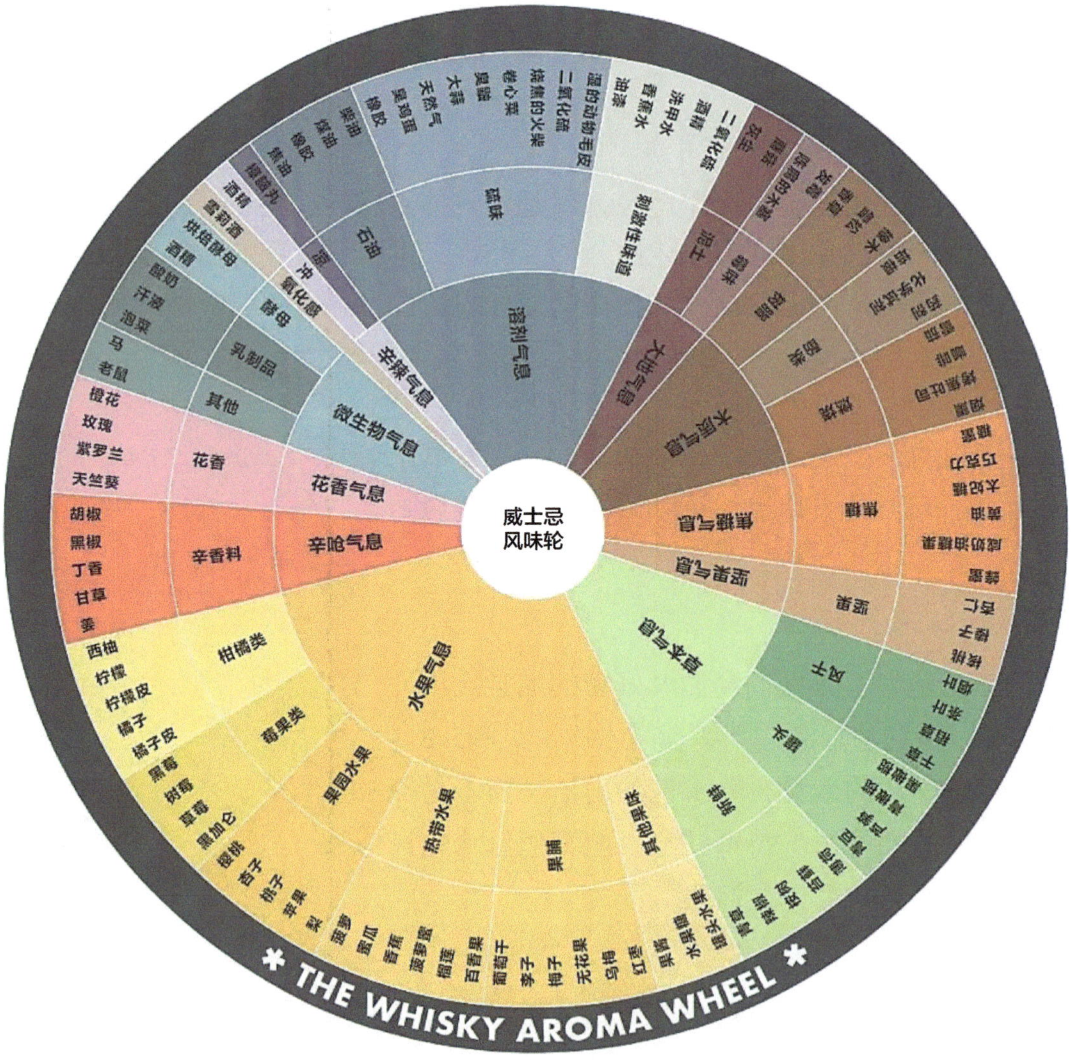


图5-10　威士忌风味轮

**知识卡片** 神奇的舌头

我们的舌头上分布着很多“小疙瘩”，医学名称叫作“舌乳头”。在每个舌乳头上面，长着很多“味蕾”，这些味蕾就是帮助舌头分辨味道的。

一般每个人大概有一万多个味蕾，它是能接收味道刺激的感受器。味蕾是由味觉细胞组成的。当我们吃进食物时，经过咀嚼，食物的味道会刺激这些味觉细胞，引起相关的神经冲动，然后又通过神经传入大脑皮层的味觉区域，形成了可以感知的味觉。

不过舌头对各种味道的感知又是不同的。对于不同的味道，舌头的各个部分会有不同的敏感区。比如舌头的两侧擅长感知酸味、舌根擅长感知苦味、舌尖最容易感知甜味。

## 任务介绍

同学们，结合鸡尾酒味觉效果建立的相关理论知识，根据各种味觉的分类和特点，尝试对各种味觉效果进行分类。

## 任务实施

**所需材料：**

准备15个塑料杯或玻璃杯、5个量杯、纯净水、可食用苦精粉、可食用柠檬酸、食盐、白砂糖或糖浆、味精。

**制作步骤：**

1. 5种材料分别兑入纯净水，每种材料根据兑入水量的多少分为低浓度、中浓度和高浓度，共得到15杯水。
2. 在杯底标记好所放材料及浓度的高低。
3. 打乱杯子次序，然后由学生依次品尝，并给出相应的答案，如高度甜度、中度咸度、低度鲜度。
4. 根据杯子底部的标记，对比学生给出的答案是否正确。

## 学习评价

根据所学知识技能，练习使用味觉效果建立的技巧，并进行师生评价。

| 评价项目 | 分数 | 学生自评（50%） | 教师评分（50%） | 总分 |
|---|---|---|---|---|
| 掌握鸡尾酒味觉效果建立的知识与技巧 | 20 | | | |
| 熟悉鸡尾酒味觉效果的分类 | 20 | | | |
| 熟悉不同酒类味觉效果的风味轮 | 20 | | | |
| 熟悉味觉体系的训练 | 20 | | | |
| 学习态度端正、遵守纪律 | 10 | | | |
| 能进行团队协作、沟通顺畅 | 10 | | | |

**拓展阅读** 辣味是一种“痛觉”

我们常说一些食物“很辣”，但其实“辣”并不是一种味道。

在舌头的味觉分布区里，并没有辣味对应的味觉区。食用辣椒后之所以会感到辣，是因为辛辣食物中的一些复合物，激活了人体中一种叫作“伤害性感受器”的感觉神经元。吃辣时，这种神经元会被激活，大脑会认为“嘴里起火了”，所以嘴里会产生灼烧感；相反，如果吃一些含薄荷醇的食物，凉凉的薄荷味复合物就会激活“冷觉感受器”，从而缓解嘴里的灼烧感。

吃辣时，大脑感觉到“痛觉”，会分泌一种名为内啡肽的激素，它能够放松大脑、缓解压力，让人产生愉悦的感觉。如果一直吃辣的话，身体所分泌的内啡肽慢慢就会无法使人感到满足，这样一来，就会让人更加想吃辣，于是就吃辣“上瘾”了。

## 实训练习

### 一、单选题

1.（　　）赋予了鸡尾酒甜味。

A. 柠檬汁　　B. 糖浆　　C. 苦艾酒　　D. 龙舌兰

2.（　　）赋予了鸡尾酒酸味。

A. 柠檬汁　　B. 糖浆　　C. 苦艾酒　　D. 龙舌兰

3.（　　）赋予了鸡尾酒苦味。

A. 柠檬汁　　B. 糖浆　　C. 苦艾酒　　D. 龙舌兰

4.（　　）赋予了鸡尾酒辛辣味。

A. 柠檬汁　　B. 糖浆　　C. 苦艾酒　　D. 龙舌兰

### 二、实操题

请你为一家酒吧设计一款新的鸡尾酒，需要你为这款鸡尾酒赋予少量的酸味、微量的苦味、少量的甜味，酒精度可以较高，你会怎么设计这款鸡尾酒的配方？

项目五

# 项目六

# 熟知鸡尾酒调制所用原料

## 项目提要

本项目进入鸡尾酒调制所用原料的学习环节，介绍了鸡尾酒调制用到的水、冰、基酒和碳酸饮料等的基础知识和使用技巧，全面了解各种原料的作用和分类，掌握其使用和搭配的技巧。

## 项目目标

- 熟知鸡尾酒调制所用各种原料的作用和分类。
- 掌握鸡尾酒调制所用各种原料的使用和搭配技巧。

## 项目内容

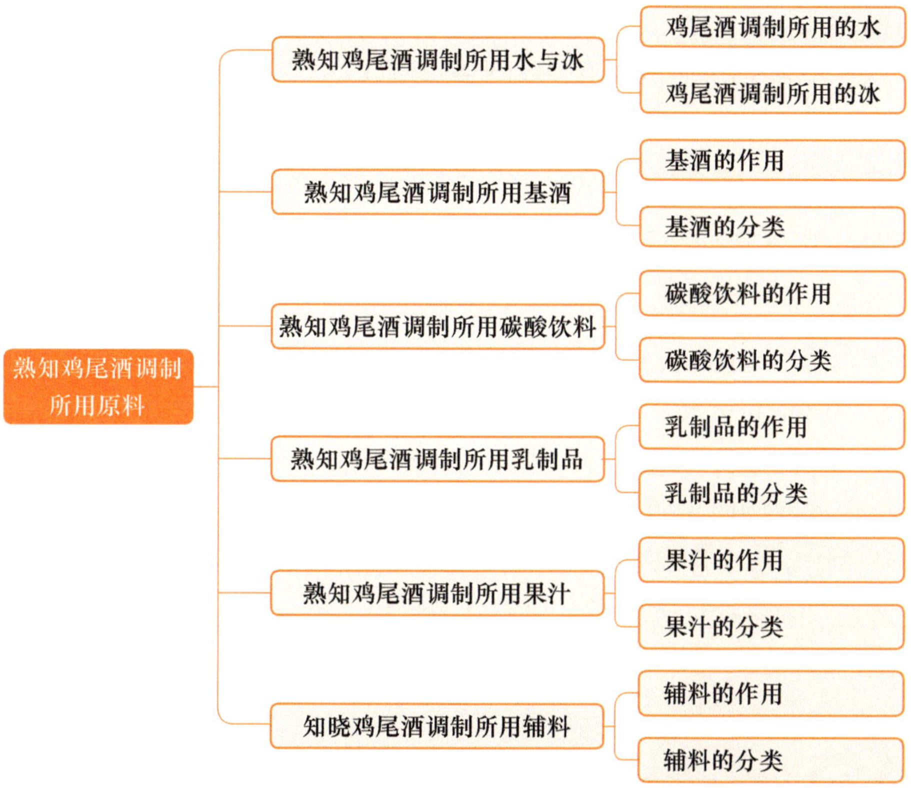

# 任务一　熟知鸡尾酒调制所用水与冰

## 任务目标

- 深入理解水和冰在鸡尾酒调制过程中的作用。
- 能熟练地运用水和冰进行鸡尾酒的调制。
- 能独立制作并创新各种冰制品。
- 培养对鸡尾酒调制中水和冰的精细使用和控制的职业素养。

## 知识储备

### 一、鸡尾酒调制所用的水

#### （一）鸡尾酒调制中水的作用

水在鸡尾酒调制中是必不可少的添加物。在调制鸡尾酒时，添加水主要是为了实现以下目的：

（1）稀释酒精　酒精是鸡尾酒中的主要成分之一，但过多的酒精可能使饮品口感过于强烈，难以享用。调酒师通过加水稀释鸡尾酒，将其酒精含量降至适宜水平，从而提供更平衡和温和的口感，也有助于更好地融合和平衡鸡尾酒中的其他成分，如果汁、糖浆和香料。

（2）调整口感　不同类型的水具有不同的矿物质含量和pH值，这会对鸡尾酒的口感产生影响。某些水可能具有较高的矿物质含量，为鸡尾酒带来更加丰富的口感；而某些水则可能更为柔和，可以提高鸡尾酒的适口性。调酒师可以根据所需的口感来选择合适的水，以确保鸡尾酒的质地满足预期需求。

（3）突出风味　某些鸡尾酒的风味需要水来激发或突出，加水有助于释放香气和味道，更好地展现鸡尾酒口味的丰富性。

#### （二）鸡尾酒调制中水的分类

调制鸡尾酒时一般会用到的水有四种，分别是天然水、蒸馏水、纯净水、矿泉水。

##### 1. 天然水

根据国际瓶装水协会（IBWA）的定义，天然水（Natural Water）是指瓶装的，只需最小限度处理的地表水或地下形成的泉水、矿泉水、自流井水，不是从市政系统或者公用供水系统引出的水。天然水是弱碱性水，是符合人体营养生理功能需求的“健康水”。天然水是一种化学成分十分复杂的溶液，含可溶性物质（如盐类、可溶性有机物和可溶气体等）、胶体物质（如硅胶、腐殖酸、黏土矿物胶体物质等）和悬浮物（如黏土、水生生物、泥沙、细菌、藻类等）。一般地表水的含盐量比较低，但容易受污染；地下水比较洁净，但溶解的矿物质比较多。

##### 2. 蒸馏水

图6-1　蒸馏水

蒸馏水（见图6-1）是一种经过特殊制备过程的高纯度水。蒸馏的过程是将水源加热以产生蒸汽，然后通过冷却过程将蒸汽转化为液体水。这个制备过程能有效去除水中的大多数杂质、微生物、矿物质和化学物质，使蒸馏水成为一种无色、无味、无臭且高度纯净的水。由于蒸馏水的电导率极低，且几乎不含溶解物，因此它在科学实验、医疗、制药业、电子制造和其他需要极高纯度水的领域中被广泛应用。

#### 3. 纯净水

纯净水（见图6-2）简称净水或纯水，是通过一系列高度精密的物理和化学过程，将自来水或其他水源中的杂质、微生物和矿物质去除，以获得无色、无味、不含有杂质或细菌的极高纯度水。

图6-2 纯净水

#### 4. 矿泉水

矿泉水是一种自然水源，取自地下水层，其特点在于丰富的矿物质和微量元素含量。通常，矿泉水源自自然泉水或井水，经过地下岩层的自然过滤和净化，从而形成具有独特特性的水质。我国饮用天然矿泉水的国家标准规定，饮用天然矿泉水应当来自未受污染的地下矿泉水，是自然涌出或经人工揭露的。这种水含有一定量的矿物盐、微量元素和二氧化碳气体。通常情况下，其化学成分、流量和水温等动态特性相对稳定，保持在天然波动范围内。国家标准还明确了饮用天然矿泉水必须满足的特定成分标准，包括锂、锶、锌、溴化物、碘化物、偏硅酸、硒、游离二氧化碳以及溶解性总固体等。想被认定为天然矿泉水，其中至少应当有一项或一项以上的指标符合上述成分标准。

## 二、鸡尾酒调制所用的冰

### （一）鸡尾酒调制中冰的作用

（1）冷却作用 冰块是调制鸡尾酒时的冷却工具，能够快速降低鸡尾酒的温度，令其更为清凉和宜人。这种降温作用有助于平衡鸡尾酒的口感，使其更加舒适和清新。

（2）稀释酒精 鸡尾酒通常富含高度浓缩的酒精，而过于浓烈的酒精可能让其难以入口。在制作鸡尾酒时，随着冰块逐渐融化，酒精得以稀释，从而降低酒精浓度，令鸡尾酒更加平衡和柔和，同时突显其他成分的风味。

（3）提供冷感 冰块赋予鸡尾酒清凉的口感，这对于很多鸡尾酒而言至关重要。冷感使鸡尾酒更加令人愉悦，使其在炎热的天气中更具吸引力。

（4）装饰调味 某些鸡尾酒需要使用特殊形状的冰块或添加水果、草本或其他成分来增强风味和视觉吸引力，这些冰块既可用于装饰，又可用于为鸡尾酒调味，使其更加吸引人。

### （二）鸡尾酒调制中冰的分类

通常，冰是通过将水冷冻而形成的，或者使用制冰机直接制作的。在鸡尾酒调制过程中，冰会以多种形式与鸡尾酒相互交融。

#### 1. 方形冰块

方形冰块（见图6-3）是酒吧最为常见的冰块类型之一，同时这类冰块也是用途最为广泛的一种冰块。在制作鸡尾酒时，方形冰块可以用来搅拌和摇匀鸡尾酒，适用于多种鸡尾酒的制作。方形冰块的表面积相对较大，使其可以与酒液、酒杯等充分接触并进行融

图6-3 方形冰块

化，且与冰球相比，方形冰块融化速度适中，更适合在搅和和摇和鸡尾酒时使用。一块质量较好的方形冰块透明度也很高，且硬度较高，视觉吸引力较强。

### 2. 碎冰

碎冰（见图6-4）一般在夏天使用较多，通常在莫吉托、朱莉普这类鸡尾酒中会用到。碎冰体积较小，硬度也一般，因此这类冰块的融化会稍快一些，同时也能快速对鸡尾酒进行降温。

图6-4　碎冰

### 3. 大冰块

大冰块（见图6-5）是在鸡尾酒制备中常用的冰块类型，通常呈规则的长方形或立方体形，相较于小冰块而言尺寸更大、融化时间更长，可以更长时间地保持鸡尾酒的冷度。并且，大冰块在饮品中的溶解速度较慢，不会过分稀释鸡尾酒中的酒精和其他成分。大冰块通常通过冰盒进行制作，再使用冰凿和冰锯切割成所需尺寸。

图6-5　大冰块

### 4. 冰球

冰球（见图6-6）是一种特殊的冰块，一般由特制的球形模具制成或由方形冰块凿制而成，透明度和硬度较高，有助于保持酒的温度和口感，常用于威士忌的制作。冰球相较于冰块和碎冰，既提供了视觉吸引力，又能保持饮品的温度和口感。

图6-6　冰球

**知识卡片**　我国古代的制冰术

古人的夏天，究竟是如何解暑的呢？

其实古人在夏天也会喝冰饮，早在春秋战国时期，古人就会专门凿冰窖，在寒冬取冰储存到夏天使用。除此之外，古人其实也会自己制造冰块，这项技术被称为“夏造冰”。

在我国的典籍文献中，很早就有“夏造冰”的记载。如《庄子·徐无鬼》中说：“吾得夫子之道矣，吾能……夏造冰矣。”魏晋时成书的《关尹子·七釜篇》中说：“人之力，有可以夺天地造化者，如冬起雷，夏造冰。”类似说法，在汉、唐时期，直至明代都有文献记载。

这些古籍中记载的“夏造冰”，被认为是我国古代最原始的人工制冰技术。



## 任务介绍

同学们，结合鸡尾酒调制中使用的冰的类型，请尝试制作和切割透明冰，并记录过程。

## 任务实施

### 一、制作透明冰

**所需材料：**

制冰模具如冰格（见图6-7）、纯净水或蒸馏水（水中含有的杂质越少，做出来的冰块越透明清澈）。

**制作步骤：**

1. 先将水煮沸一次，然后完全放凉；再进行第二次煮沸，然后再完全放凉。注意不要让灰尘等掉入水中。

2. 将水倒入模具中，用保鲜膜密封好，避免水与空气过多接触。

3. 放入冰箱冷冻。冰块越纯、温度越低，则冰的硬度越高。

4. 取出后，就可以得到清澈透明的冰块了。

图6-7　冰格

### 注意事项

1. 第一次煮沸是为了祛除水中的氧气，氧气是导致冰块中出现白色或混浊部分的原因之一。通过煮沸并迅速冷却，氧气会逸出，从而减少气泡的形成。第二次煮沸是为了祛除水中的杂质，包括微小的悬浮颗粒、矿物质和其他溶解性物质，它们是导致冰块出现不透明或有杂质的原因。

2. 不要将冰格叠放在一起。叠放冰格会使置于中层冰格中的冰块出现浑浊。这是因为中层制冷温度不均匀，冰格中的水会从侧边开始结冰，大量杂质残留在冰块里。

## 二、切割透明冰

**所需材料：**

透明冰块、塑料布、尺子、手套、冰刀或冰锯（见图6-8和图6-9）、冰凿。

**制作步骤：**

1. 在工作台上铺上一层塑料布，以便清理和收集冰块碎片。这有助于保持工作区的干净，并减少冰块碎片的浪费。

2. 使用尺子或模具，测量并标记想要的冰块的尺寸和形状，确保切割的冰块具有一致的规格。

3. 戴好手套，防止切割时刀具割伤手部。

4. 使用切冰工具小心切割冰块。对于大冰块，可以使用冰刀或冰锯；而对于小冰块，冰凿（见图6-10）可能更适合。按照标记的线条慢慢切割冰块，确保切割时手的稳定，以防止意外损伤。

图6-8　冰刀

图6-9　冰锯

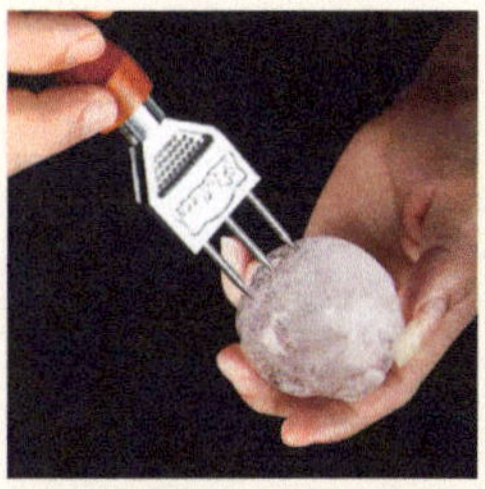

图6-10　冰凿

5. 在切割后，清理工作区，将碎片收集起来以备后用。可以用这些碎片再次制备小冰块或碎冰。

6. 将切割好的冰块存放在适当的容器或冷冻袋中，以便在制备鸡尾酒时使用。

## 注意事项

切割透明冰需要谨慎练习、安全操作，避免受伤。

## 学习评价

根据所学知识技能，掌握水与冰在鸡尾酒调制中的应用，并进行师生评价。

| 评价项目 | 分数 | 学生自评（50%） | 教师评分（50%） | 总分 |
|---|---|---|---|---|
| 了解水和冰在鸡尾酒调制过程中的作用 | 10 | | | |
| 熟知不同类型的水和冰的特性及其应用 | 20 | | | |
| 能熟练地运用水和冰进行鸡尾酒的调制，以达到理想的口感和外观 | 30 | | | |
| 能独立制作并创新各种冰制品，如冰霜、冰块、冰沙等 | 30 | | | |
| 具备对鸡尾酒调制中水和冰的精细使用和控制的职业素养 | 10 | | | |

## 拓展阅读 冰块的学问

在调制一杯上乘的饮品中，优质的冰块扮演着重要角色。不论是调制鸡尾酒、烈酒还是非酒精饮料，高密度、高透明度的冰块能够确保饮品长时间保持其最佳品质。冰块的数量、大小和形状对于调控饮品的温度和稀释程度至关重要。

何谓优质冰块？首先，各类冰块各有特性，这些特性由水质、制冰方法、冰箱冷冻室温度以及冷冻时间等多种因素决定。一块优质冰块应具备以下特点：一是纯净度，即冰块是否晶莹透明；二是硬度，硬度越高，冰块融化速度越慢。了解这两个要点，我们便能辨别优质冰块。

此外，还需区分老冰与嫩冰。老冰是指在冷冻室中存放超过5天的冰块，硬度高、融化慢，常用于制作方形和球形冰块；嫩冰则指冷冻时间较短的冰块，一般在脱模后即为嫩冰。

冰块异味，主要来源于水质和冷冻环境。若制冰用的水本身带有异味，则冰块中也可能含有异味。此外，冷冻室的环境也会影响冰块的异味情况，因为冷冻室内的空气是内循环的，因此在制作冰块时，最好使用单独的冰箱，并定期清理冰箱，以减少冰块异味的产生。



# 实训练习

## 一、单选题

1. 矿泉水含有一定量的矿物盐、（　　）和二氧化碳气体。

   A. 钙　　B. 钾　　C. 锌　　D. 微量元素

2. 水在鸡尾酒调制中的作用不包括（　　）。

   A. 稀释酒精　　B. 调整口感　　C. 突出风味　　D. 装饰美化

3. 在调酒时，为了使鸡尾酒快速降温，应加入（　　）。

   A. 方形冰块　　B. 碎冰　　C. 冰球　　D. 大冰块

## 二、实操题

作为酒吧的调酒师，现在需要确定手工制冰和制冰机哪种制冰方式更适合日常使用，以确保制作的饮品在各种情况下都能达到最高标准。请同学们利用手工制冰和制冰机的方式制取冰块，比较两种方式制出冰块的特点，并为酒吧选择制冰方式提出建议。

# 任务二　熟知鸡尾酒调制所用基酒

## 任务目标

- 熟知鸡尾酒调制所用基酒类型及其特点。
- 能根据基酒的特点和鸡尾酒调制的需求，选择合适的基酒。
- 培养对基酒的热爱和鉴赏能力，注重细节和品质。

## 知识储备

### 一、基酒的作用

基酒，即鸡尾酒调制中的基础酒液，是构成鸡尾酒的主体。基酒通常是蒸馏酒或发酵酒，具有较高的酒精度数，能够与其他成分融合，从而形成鸡尾酒的基本风味。基酒的作用概括如下：

（1）奠定鸡尾酒风味基础　基酒是鸡尾酒风味的主要来源，不同的基酒为鸡尾酒带来了截然不同的口感。

（2）提供酒精基底　基酒是鸡尾酒中主要酒精来源，它的高酒精度数可以为鸡尾酒提供稳定的酒精基底，确保鸡尾酒的口感和品质。

（3）平衡鸡尾酒口感　在调制鸡尾酒时，基酒中的酒精和风味与其他成分（如果汁、糖浆、气泡水等）相互融合，共同构成鸡尾酒的口感，使其更加和谐统一。

（4）突显鸡尾酒主题　每款鸡尾酒都有其独特的主题和风格，而基酒的选择往往能够突显这些特点。例如，以朗姆酒为基酒的鸡尾酒往往带有热带风情，而以威士忌为基酒的鸡尾酒则更显沉稳与高贵。

（5）创新搭配　基酒的多样性为调制鸡尾酒提供了广阔的创新空间，调酒师可以根据口味需求进行个性化的搭配。

### 二、基酒的分类

#### （一）金酒

##### 1. 金酒的特点

金酒（Gin）香气和谐、口味协调、醇和温雅、酒体洁净，具有净、爽的自然风格。

##### 2. 金酒的酿造工艺

金酒的怡人香气主要来自杜松子。杜松子的加工方法有多种，一般是将其包于纱布中，挂在蒸馏器出口部位。蒸酒时，其味融于酒中，或者将杜松子浸于绝对中性的酒精中，一周后再回流复蒸，将其味蒸于酒中。有时还可以将杜松子压碎成小片状，加入酿酒原料中，进行糖化、发酵、蒸馏，以得其味。有的国家和酒厂配合其他香料来酿制金酒，如荽子、豆蔻、甘草、橙皮等。

### 3. 金酒的分类

（1）伦敦干型金酒（London Dry Gin） 也被称为“伦敦金酒”或“英式金酒”，它是目前世界上最主要的金酒品种之一。伦敦干型金酒（见图6-11）是指含糖量极低的金酒。伦敦干型金酒并不仅限于在伦敦生产的金酒，凡是符合这种类型的金酒，都可以称为伦敦干型金酒。

（2）荷兰金酒（Dutch Gin） 荷兰金酒（见图6-12）色泽透明清凉、口感醇香自然、香味突出、风格独特。比起伦敦干型金酒，其甜度和香味要重得多，因此更加适合加冰直接饮用，而不适合调制鸡尾酒。

（3）普利茅斯金酒（Plymouth Gin） 普利茅斯是英国的一个港口，英国金酒制造业最初也是从这里开始的。普利茅斯金酒（见图6-13）深受荷兰杜松子酒的影响，风格不同于伦敦干型金酒，只使用带有甜味的药用植物作为调味原料，因此口感也会比伦敦干型金酒甜得多，杜松子味也没有那么明显。特别要强调的是，只有普利茅斯当地出产的金酒才能称为“普利茅斯金酒”。

（4）美国金酒（American Gin） 美国金酒（见图6-14）分为蒸馏金酒（Distilled Gin）和混合金酒（Mixed Gin）两种类型。蒸馏金酒的主要风味成分是杜松子，具有较为干燥的口感；混合金酒则通过将杜松子与高度酒精基酒混合而成，而不经过二次蒸馏。混合金酒作为一种利口酒，通常不单独用于净饮，而常用作制备各种鸡尾酒的基酒。美国金酒在制备后通常会在橡木桶中陈年一段时间，这个过程会赋予酒一种淡黄色的酒色，同时也添加了橡木桶的风味。

图6-11 伦敦干型金酒

图6-12 荷兰金酒

图6-13 普利茅斯金酒

图6-14 美国金酒



## （二）白兰地

### 1. 白兰地的特点

白兰地（见图6-15）是一种精致的葡萄酒蒸馏酒，以其复杂的水果风味、香料调性和橡木陈酿的特点而著名。这种蒸馏酒通常具有柑橘、苹果和香料的味道，其陈酿时间越长，复杂性越高，可以为饮品带来多层次的口感和独特的酒精魅力。

图6-15 白兰地

### 2. 白兰地的酿造工艺

白兰地的酿造工艺精湛，特别讲究陈酿时间与勾兑的技艺，其中陈酿时间的长短更是衡量白兰地酒质优劣的重要标准。同时，酿造白兰地很讲究贮存酒所使用的橡木桶。由于橡木桶对酒质的影响很大，因此，木材的选择和酒桶的制作要求非常严格。需要特别强调的是，白兰地酒在酿藏期间酒质的变化，只是在橡木桶中进行的，装瓶后其酒液的品质不会再发生任何变化。

### 3. 白兰地的分类

（1）干邑白兰地　干邑是法国西南部的一个小镇，日常所说干邑，是指葡萄必须在干邑区种植，以铜制蒸馏器双重蒸馏，并在橡木桶中密封酿制至少2年的白兰地。

（2）雅文邑白兰地　雅文邑是法国最古老的白兰地，也是法国顶级白兰地之一。雅文邑以年份酒著名，即使用同一年的葡萄压榨酝酿而成。

雅文邑每年产量非常低，因此较为昂贵，只有少量流通于市。

## （三）威士忌

### 1. 威士忌的特点

威士忌是一种口感丰富的烈酒，具有浓郁的麦芽、麦片风味。橡木陈酿的影响、多种类型和产地的差异，以及其口感的复杂性和独特性，使之成为一种备受烈酒爱好者喜爱的精致饮品。

### 2. 威士忌的分类

依照生产地的不同可将威士忌分为苏格兰威士忌、美国威士忌、爱尔兰威士忌和加拿大威士忌等。

（1）苏格兰威士忌（Scotch Whisky）　苏格兰威士忌（见图6-16）原产于苏格兰，用经过干燥、泥炭熏焙产生独特香味的大麦芽作为酵造原料制成。苏格兰威士忌制成后至少要贮存3年以上，其中贮存15～20年的为最优质的成品酒，超过20年的苏格兰威士忌质量会有所下降。苏格兰威士忌色泽呈现棕黄带红，清澈透亮，气味焦香，带有浓烈的烟熏味。

图6-16　苏格兰威士忌

（2）美国威士忌（American Whisky）　美国威士忌（见图6-17）起源于美国南部，使用原料如玉米和其他谷物，经过发酵、蒸馏后，醇酿于内侧经过烧烤的橡木酒桶中，通常陈年2～3年。与苏格兰威士忌不同，美国威士忌的风味并不浓烈，而带有独特的橡木芳香。

图6-17　美国威士忌

（3）爱尔兰威士忌（Irish Whiskey）　爱尔兰威士忌（见图6-18）原产于爱尔兰，以小麦、大麦、黑麦等的麦芽作为原料酿造而成。经过三次蒸馏，然后入桶陈酿，一般需8～15年。因原料不用泥炭熏焙，所以没有焦香味，口味比较绵柔长润，适用于制作混合酒。

图6-18　爱尔兰威士忌

（4）加拿大威士忌（Canadian Whisky）　加拿大威士忌（见图6-19）主要由黑麦、玉米和大麦混合酿制而成，采用二次蒸馏，在木桶中贮存4年、6年、7年、10年不等。加拿大威士忌气味清爽，口感轻快、爽适，不少人都喜爱这种酒。

图6-19　加拿大威士忌

## （四）伏特加

### 1. 伏特加的特点

伏特加（见图6-20）是一种无色透明的蒸馏酒，通常具有柔和的口感和较高的酒精度，且没有明显的风味特征，使其成为调酒中的重要基酒，适用于制作多种经典鸡尾酒，也是许多冷饮和鸡尾酒的主要成分。

图6-20　伏特加

### 2. 伏特加的分类

（1）俄罗斯伏特加　俄罗斯伏特加使用谷麦或薯类作为原料，其独特的制备工艺在于过滤过程，其中，经过精馏后的原酒被引入白桦木活性炭过滤槽，通过缓慢的过滤过程，以去除所有原酒中的油类、酸类、醛类、酯类及微量元素，最终获得非常纯净的伏特加。

俄罗斯伏特加酒液透明，除了酒香外几乎没有其他香味，口味强烈，充满力度，具有火辣的特点。

（2）波兰伏特加　波兰伏特加的酿造工艺与俄罗斯伏特加相似，区别只是在酿造过程中，会加入一些草卉、植物果实等调香原料，所以波兰伏特加比俄罗斯伏特加酒体更加丰富，口味浓郁，层次多样。

## （五）朗姆酒

### 1. 朗姆酒的特点

朗姆酒（见图6-21）是一种由甘蔗汁或糖蜜经发酵、蒸馏和陈酿而成的烈酒，其特点包括口感甜润，带有浓郁的热带水果香气。朗姆酒通常有不同类型和级别，从白朗姆到深色陈年朗姆，具有多样的口感和复杂性，适用于制作各种热带鸡尾酒和混合饮料。

图6-21　朗姆酒

### 2. 朗姆酒的分类

朗姆酒是微黄、褐色的液体，具有细致、甜润的口感，以及芬芳馥郁的酒精香味。朗姆酒分为清淡型和浓烈型两种。

（1）清淡型朗姆酒　清淡型朗姆酒是用甘蔗糖蜜、甘蔗汁加酵母进行发酵后蒸馏，在木桶中储存多年，再勾兑配制而成，酒液呈浅黄或金黄色。

（2）浓烈型朗姆酒　浓烈型朗姆酒是由加入蔗糖残渣的糖蜜在天然酵母菌的作用下缓慢发酵制成的。酿成的酒在蒸馏器中进行两次蒸馏，生成无色的透明液体，然后在橡木桶中熟化5年以上。浓烈朗姆酒以牙买加的为代表，呈金黄色，酒香和糖蜜香浓郁，味辛而醇厚。

## （六）龙舌兰酒

### 1. 龙舌兰酒的特点

龙舌兰酒（见图6-22）是一种烈酒，又称“特基拉酒”，是以龙舌兰为原料，经发酵、蒸馏、陈酿、调配而成的蒸馏酒，带有独特的植物香气和辛辣口感，也是墨西哥的国酒。其制作过程和地域因素影响了其多样性，从白色龙舌兰到陈年龙舌兰，味道、复杂性和质地均不同，使其成为许多经典墨西哥鸡尾酒和独特烈酒的基酒。

图6-22　龙舌兰酒

### 2. 龙舌兰的分类

龙舌兰酒最早源自墨西哥，因其制作方式的不同可分为三种不同的类型：白色龙舌兰酒、混合龙舌兰酒和陈年龙舌兰酒。

（1）白色龙舌兰酒　白色龙舌兰酒是最原始的龙舌兰酒，通常用白色的龙舌兰来制作，经过蒸馏后直接装瓶出售，因此酒精度数较高，口感比较刺激。

（2）混合龙舌兰酒　混合龙舌兰酒是将不同类型的龙舌兰混合后制成的，酒精度数通常在40%左右，口感较为平衡，香气浓郁，适合多种搭配。

（3）陈年龙舌兰酒　陈年龙舌兰酒则是将龙舌兰酒放在橡木桶中陈酿数年，酒液呈琥珀色，口感香醇、甜润、平衡，有着丰富的风味和质感，是最为珍贵的龙舌兰酒之一。

**知识卡片**　金酒的制作方法

1. 传统法

以大麦、黑麦、谷物为原料，经粉碎、糖化、发酵、蒸馏、调配而成。其中，加入杜松子的方法有三种：第一是在酿酒原料中加入压碎成小片的杜松子，加入整个糖化、发酵、蒸馏的环节，与我国白酒中的草药入曲环节类似；第二是用酒精浸泡杜松子，让杜松子的有效物质与风味都溶于乙醇，浸泡一周后重新蒸馏获得杜松子风味的乙醇；第三是直接把杜松子用过滤网布包好放置于蒸馏器出口位置，酒体流出时浸出杜松子的有效物质与风味。

2. 合成法

选择优质酒精处理后，加入经处理的水稀释到要求的度数，再加入金酒香料配制而成。

## 任务介绍

同学们，请结合鸡尾酒的基酒相关理论知识，尝试净饮鸡尾酒调制中所用各类基酒，并记录口感的区别。

## 任务实施

### 一、金酒的品饮

1. 准备郁金香杯（见图6-23），能让香味直接窜入鼻中。

2. 温度控制在10～12℃，这样可以随着温度的升高感受金酒的口感和气味变化。

3. 倒酒时尽量倒至酒杯最大直径处，然后鼻子凑到杯口闻香。

4. 品尝时，第一口是帮助口腔适应酒精的浓度；接着再喝几小口，把酒含在嘴里一会儿，让口腔的温度帮助释放酒里的香味。

图6-23　郁金香杯

### 二、白兰地的品饮

1. 准备一个白兰地杯（见图6-24）和一杯冰水。

2. 喝酒时用手掌温度温暖杯壁，让白兰地香味散发出来。

3. 每喝完一小口白兰地，喝一口冰水，这样能清新味觉从而使下一口白兰地的味道更香醇。

图6-24　白兰地杯

## 三、威士忌的品饮

1. 拿起酒杯，不要晃动，先浅闻，感受威士忌的独特风味。

2. 然后再深闻，把鼻子凑近杯口，嘴稍微张开，避免酒精刺激鼻子。

3. 准备一个滴管，向威士忌里滴入矿泉水。通常来说，高年份的威士忌加1～2滴水，低年份的威士忌需要3～4滴水。加水之后的威士忌与纯饮相比，香气会更加突出，口感更加顺滑。

## 四、伏特加的品饮

伏特加冰饮（见图6-25）是伏特加最为普遍的一种饮用方法。将伏特加放进冰箱冷冻室内，冷冻大约30min再拿出来，观察伏特加变得有些浓稠就可以喝了。

图6-25　伏特加冰饮

## 五、朗姆酒的品饮

1. 朗姆酒净饮时常用利口杯或古典杯；在酒吧，每份朗姆酒的标准分量为40ml。

2. 将酒精度为70%以上的烈性朗姆酒，沿着杯壁缓缓倒入加冰的酒杯（见图6-26），再慢慢品尝。这样不仅透凉，还能喝到朗姆酒从纯烈酒到“水割”的不同滋味。

图6-26　朗姆酒冰饮

## 六、龙舌兰酒的品饮

1. 在喝龙舌兰酒之前，先取少量食用盐撒在左手虎口处（见图6-27），保证盐不滑落。

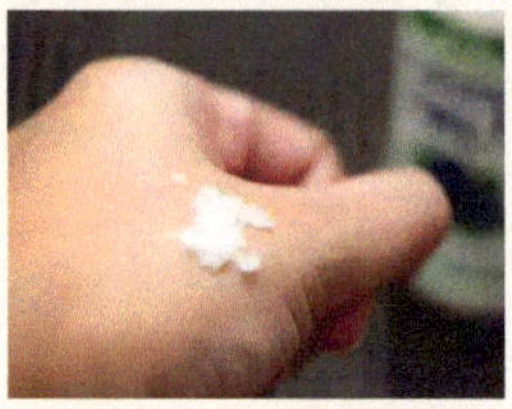

图6-27　虎口撒盐

2. 取一个新鲜的青柠檬洗净切片，取一小片捏在右手的拇指和食指中间。

3. 把冰镇的龙舌兰酒倒入酒杯中（或在酒中加入冰块），深吸一口气，舔一口虎口上的盐，接着把酒一饮而尽，再咬一口柠檬片，此时盐的清咸、柠檬的酸涩、酒的热辣，混合在一起形成一种独特的风味和口感（见图6-28）。

图6-28　龙舌兰酒冰饮



## 学习评价

根据所学知识技能，掌握各种基酒的特点、分类和品饮方式，并进行师生评价。

| 评价项目 | 分数 | 学生自评（50%） | 教师评分（50%） | 总分 |
|---|---|---|---|---|
| 熟知常见鸡尾酒调制所使用的基酒类型及其特点 | 10 | | | |
| 了解各种基酒的品饮方式，包括净饮、混合饮、加冰饮等 | 20 | | | |
| 能根据基酒的特点和鸡尾酒调制的需求，选择合适的基酒 | 20 | | | |
| 能正确地净饮基酒，体验其独特的口感和风味 | 20 | | | |
| 对基酒的热爱和鉴赏能力，注重细节和品质 | 20 | | | |
| 理解和尊重鸡尾酒文化，以及具备调制鸡尾酒的专业素养 | 10 | | | |

## 实训练习

### 一、单选题

1. 基酒在鸡尾酒调制中的作用不包括（　　）。
   A. 奠定风味基础　B. 平衡口感　C. 突显主题　D. 美化装饰
2. 金酒的香气主要来源于（　　）。
   A. 杜松子　B. 麦芽　C. 蔗糖　D. 橡木桶
3. （　　）是一种无色透明的蒸馏酒，没有明显的风味特征。
   A. 金酒　B. 威士忌　C. 伏特加　D. 朗姆酒

### 二、实操题

请以小组为单位，深入研究各种经典鸡尾酒的特点，了解它们的口感和香气，并总结其使用的基酒类型。

## 任务三　熟知鸡尾酒调制所用碳酸饮料

### 任务目标

- 熟知在鸡尾酒调制过程中，碳酸饮料所起到的作用。
- 了解不同类型碳酸饮料的特点和应用场景。
- 能根据鸡尾酒的配方和需求，选择合适的碳酸饮料进行调制。

### 知识储备

#### 一、碳酸饮料的作用

碳酸饮料主要成分包括碳酸水和柠檬酸等酸性物质、白糖、香料，有些还含有咖啡因、人工色素等，具有提神醒脑、解暑消渴、补充水分等功效。将碳酸饮料添加到鸡尾酒中不仅可以增强口感和味道，还可以改善饮品的视觉吸引力，使其更加适合广大消费者的口味。碳酸饮料在鸡尾酒中的作用如下：

（1）平衡口感　碳酸饮料的微甜和微酸性质可以改善和掩盖鸡尾酒的苦涩或刺激性，增加饮品的适口感，使其更加丰富和层次分明。

（2）视觉吸引　碳酸饮料的气泡成分赋予鸡尾酒一种独特的口感和视觉吸引力。气泡在口中细微爆发，能带来一种愉悦的冷感；气泡的上升在鸡尾酒中形成漂亮的气泡列，增加了视觉吸引力。

（3）调整酒精浓度　碳酸饮料的添加可以调整鸡尾酒的酒精浓度，使其更轻盈和易饮。

#### 二、碳酸饮料的分类

碳酸饮料是在液体饮料中充入二氧化碳制成的，含有大量的糖分、防腐剂、色素、香精，还含有极少量的维生素、矿物质，并且含有碳酸、磷酸等化学成分。我们所熟知的碳酸类饮料包括可乐、苏打水、姜汁汽水、汤力水等。

### 1. 可乐（Cola）

可乐的主要成分包括碳酸水、糖、焦糖色素、香料和咖啡因等。碳酸水赋予可乐起泡的特点，糖提供了甜味，焦糖色素赋予可乐经典的棕色外观，香料为可乐增添了复杂的风味，而咖啡因则赋予了可乐一定的提神效果。以外，不同国家和地区，可乐的配方也不完全相同。

### 2. 苏打水（Soda Water）

苏打水是一种含有碳酸氢钠（俗称小苏打）的水溶液，属于带有弱碱性质的饮料。它通常包含了甜味剂和香料，用于增强口感和味道，但也有无添加甜味剂的苏打水产品。小苏打的化学式是$NaHCO_3$，具有碱性。

### 3. 姜汁汽水（Ginger Ale）

姜汁汽水是一种以生姜为主要原料的碳酸饮料，其中加入柠檬、香料，并使用焦麦芽进行着色。由于香料的添加，使其具有独特的、略带刺激的口味。姜汁汽水可以直接饮用，或者用于调制各种鸡尾酒，适合与白兰地等酒类搭配。

### 4. 汤力水（Tonic Water）

汤力水又称奎宁水或通宁水，是一种汽水类的软性气泡饮料。它的特点是以奎宁（又称为金鸡纳霜）为主要调味香料，带有一种植物的苦味，通常与蒸馏酒类饮料一起享用。

**知识卡片** 可乐的起源

可乐，是一种含有甜味和咖啡因但不含酒精的碳酸饮料。据传，可乐是由美国的名叫约翰·彭伯顿的药剂师发明的。他期望创造出一种能提神、解乏、治头痛的药用混合饮料，结果却意外地创造了这种独特的碳酸饮料。

## 任务介绍

同学们，请结合碳酸饮料的相关理论知识，尝试自制气泡水，比较自制气泡水与瓶装气泡水口感的区别。

## 任务实施

### 气泡水的制作

**所需材料：**

纯净水、二氧化碳气体供应装置（如二氧化碳汽水机和二氧化碳气体气瓶）、气泡水瓶。

**制作步骤：**

1. 将二氧化碳气体气瓶装入二氧化碳汽水机中，见图6-29。
2. 打开气泡水瓶，将纯净水倒入瓶中，加水至水位线内（见图6-30）。注意，要留一些空间以容纳二氧化碳气体。

3. 将气泡水瓶安装到汽水机打气口，将二氧化碳气体注入水中（见图6-31）。注气时间可以根据对气泡的需求来调整。通常，较长时间的注气会产生更多的气泡。

4. 关闭气泡水瓶，轻轻摇晃或搅拌一下，以确保二氧化碳气体均匀分散在水中。

图6-29 装入气瓶

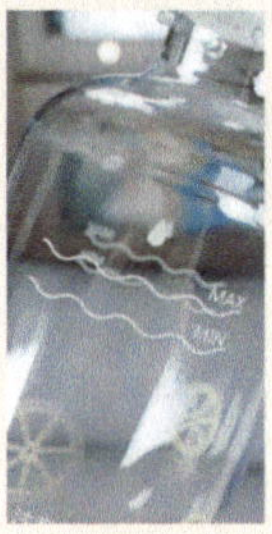
图6-30 水位线

图6-31 注入气体

5. 让气泡水在室温下静置片刻，即可完成气泡水的制作。

## 学习评价

根据所学知识技能，掌握碳酸饮料相关知识及使用技巧，并进行师生评价。

| 评价项目 | 分数 | 学生自评（50%） | 教师评分（50%） | 总分 |
| --- | --- | --- | --- | --- |
| 熟知在鸡尾酒调制过程中，碳酸饮料所起的作用 | 10 | | | |
| 了解不同类型的碳酸饮料的特点和应用场景 | 20 | | | |
| 能根据鸡尾酒的配方和需求，选择合适的碳酸饮料进行调制 | 20 | | | |
| 能正确地自制气泡水，掌握其制作方法和技巧 | 20 | | | |
| 能根据顾客的需求和喜好，调制含有碳酸饮料的鸡尾酒 | 20 | | | |
| 对碳酸饮料有一定鉴赏能力 | 10 | | | |

# 实训练习

## 一、单选题

1. （　　）是以生姜为原材料，加入柠檬、香料，再用焦麦芽着色制成的碳酸饮料。

A. 姜汁汽水　　B. 气泡水　　C. 可乐　　D. 苏打水

2. 苏打水是碳酸氢钠（$NaHCO_3$，俗称小苏打）的水溶液，是带有（　　）的饮料。

A. 弱酸性　　B. 酸性　　C. 碱性　　D. 弱碱性

3. 碳酸饮料含有大量的（　　）、防腐剂、色素、香精。

A. 气泡　　B. 盐分　　C. 糖分　　D. 柠檬酸

## 二、实操题

请选择一种碳酸饮料，并为该碳酸饮料选配适合的烈酒和其他材料，以创建一款独特的鸡尾酒。描述这款鸡尾酒的味道、颜色和口感，以及其会吸引的客户类型。

# 任务四　熟知鸡尾酒调制所用乳制品

## 任务目标

- 熟知在鸡尾酒调制过程中，乳制品所起到的作用。
- 了解不同类型的乳制品的特点和应用场景。
- 能根据鸡尾酒的配方和需求，选择合适的乳制品进行调制。

## 知识储备

### 一、乳制品的作用

（1）赋予独特口感　乳制品通常会增加鸡尾酒的口感，使其更为丰满和顺滑。奶油或牛奶可以为鸡尾酒增加柔滑的质地，这在多种经典鸡尾酒中都得到了应用，如白俄罗斯、布什沙灰鸡尾酒。

（2）平衡酸味　某些鸡尾酒可能过于酸涩，乳制品可以中和酸味，使其更加温和和易于饮用。例如，可以向草莓杂果酒中加入乳制品，平衡水果的酸味。

（3）增添奶香　乳制品通常带有奶香，可以为鸡尾酒提供额外的香气。这对于像香蕉鸡尾酒这种希望增加水果香和奶香味的鸡尾酒来说非常有用。

（4）调整浓度　乳制品可以帮助调整鸡尾酒的浓度，使其更为柔和。在一些烈酒鸡尾酒中（如亚历山大鸡尾酒），加入奶油或奶酪可以减轻烈酒的强烈味道。

（5）营养增益　乳制品含有蛋白质、维生素和矿物质，可以为鸡尾酒添加额外的营养价值。这在一些像草莓香蕉鸡尾酒这样的水果鸡尾酒中得到体现。

### 二、乳制品的分类

调制鸡尾酒常用乳制品有以下几种：

#### 1. 含乳饮料

含乳饮料是指以鲜乳或乳制品为原料，经发酵或未经发酵加工制成的制品。含乳饮料分为配制型含乳饮料和发酵型含乳饮料。配制型含乳饮料是以乳或乳制品为原料，加入水、白砂糖、甜味剂、酸味剂、果汁、茶、咖啡、植物提取液等的一种或几种调制而成的饮料。

#### 2. 乳酸菌饮料

乳酸菌饮料是指以乳或乳制品为原料，经乳酸菌发酵制得的乳液中加入水，以及食糖和（或）甜味剂、酸味剂、果汁、茶、咖啡、植物提取液等的一种或几种调制而成的饮料。根据其是否经过杀菌处理可分为杀菌（非活性乳酸菌）型和未杀菌（活性乳酸菌）型。

#### 3. 植物蛋白饮料

植物蛋白饮料是以植物果仁、果肉（如大豆、花生、杏仁、核桃仁、椰子等）为原料，经加工、调配后，再经高压杀菌或无菌包装制得的乳状饮料。

根据加工原料的不同，植物蛋白饮料可分为五大类：豆乳饮料、椰子乳饮料、杏仁乳饮料、核桃乳饮料和蛋白饮料。

**知识卡片** 我国古代的乳酪

“酪”这个字在古代的意思是发酵过的黏稠食物，“果酪”是发酵过的果汁，比如杏酪；而“乳酪”就是发酵过的牛奶，与今天的酸奶类似。

在西汉，北方游牧民族就已经会动手制作乳酪了，有的还能做出和今天差不太多的干酪。到了不久后的东汉，中原人也知道了乳酪的制作方法与功效，书中记载：“酪，泽也，乳汁所作，使人肥泽也。”意思是常常吃乳酪能让皮肤滋润、身体健壮。

《齐民要术》里面就详细记载了如何制作乳酪，翻译成通俗语言即为：“小火慢慢煮牛奶，勺子翻搅防粘锅；放凉捞出牛奶皮，过滤装进小瓦罐；加入酵母再保温，耐心等待乳酪成。”

## 任务介绍

同学们，乳制品和酒可以融合在一起，创造出美味的鸡尾酒和饮品。这种组合通常结合了乳制品的丰满口感和奶香味道，以及酒的强烈口感和风味特点。请尝试将乳制品与各类酒混合，并观察融合后的现象。

## 任务实施

### 乳制品与酒的混合实验

**所需材料：**

牛奶、伏特加、朗姆酒、咖啡利口酒、蛋奶酒、玻璃杯。

**操作步骤：**

1. 在牛奶中分别加入伏特加和朗姆酒，观察出现的现象，思考为什么会出现此现象。
2. 在牛奶里加入咖啡利口酒，观察酒液会不会与牛奶混合。
3. 将牛奶加入荷兰蛋奶酒中，观察会出现什么现象。
4. 总结乳制品和各类酒的混合反应，并分析、归纳出如下结论：

（1）混浊和凝固　当牛奶与某些高酒精含量的饮品混合时，例如伏特加或朗姆酒，可能会导致牛奶发生混浊和凝固的现象。这是由于酒精中的酸性成分与牛奶中的蛋白质发生反应，形成小块的凝块。

（2）分层效应　在某些情况下，特别是当使用酒精浓度较低的饮品时，如奇力白或咖啡利口酒，酒精可能不会与牛奶混合，而是形成分层效应。酒精会浮在牛奶的顶部，这可以使饮品的味道和口感发生变化。

（3）融合并形成平衡的口感　一些鸡尾酒如蛋奶酒，是酒精与牛奶或奶油混合而成的饮品。酒精会和牛奶融合在一起，形成一种平衡的口感和味道。

## 学习评价

根据所学知识技能，掌握各类乳制品的作用和特点，并进行师生评价。

| 评价项目 | 分数 | 学生自评（50%） | 教师评分（50%） | 总分 |
| --- | --- | --- | --- | --- |
| 熟知在鸡尾酒调制过程中，乳制品所起的作用 | 10 | | | |
| 了解不同类型的乳制品的特点和应用场景 | 20 | | | |
| 能根据鸡尾酒的配方和需求，选择合适的乳制品进行调制 | 20 | | | |
| 能根据顾客的需求和喜好，调制含乳制品的鸡尾酒 | 20 | | | |
| 培养对乳制品的鉴赏能力 | 20 | | | |
| 调制过程中具有创新和创造能力 | 10 | | | |

### 拓展阅读　我国牛奶消费现状

在漫长的人类历史中，牛奶是所有饮品中陪伴人类时间最长、与日常生活最密不可分的一种饮品，重要性仅次于水，有着“白色血液”的美誉。

改革开放以后，随着我国经济水平的提高，牛奶的消费开始普及，并且增长迅速。据资料显示，1978年，全国奶牛数量增为48万头，牛奶产量在88万t左右。到了2023年，全国拥有奶牛近千万头，牛奶产量已超过4000万t，位居全球第四。

近年来，我国奶业生产量继续增长，产业素质稳步提升，规模化养殖比例进一步提高，乳品质量持续保持较高水平，国产品牌美誉度和国际竞争力逐步增强。在未来，我国将继续扎实推进奶业高质量发展，提升乳制品研发创新能力，保障乳制品供应链稳定，完善质量安全追溯体系；努力推动乳制品行业创新发展、绿色发展，助力生态文明建设。

## 实训练习

### 一、单选题

1. 乳制品在鸡尾酒调制中的作用包括（　　）。

A. 营养增益　　B. 平衡酸味　　C. 增添奶香　　D. 以上均包括

2. 将牛奶加入伏特加或朗姆酒中会发生（　　）现象。

A. 浑浊　　B. 融合　　C. 起泡　　D. 分层

3. 将牛奶加入咖啡利口酒中会发生（　　）现象。

A. 浑浊　　B. 融合　　C. 起泡　　D. 分层

### 二、实操题

作为调酒师，需要了解乳制品对不同基酒的影响。请选择一种乳制品和一种基酒进行调制，记录二者在口感和味道上是如何相互影响的，描述最终的鸡尾酒的味道、香气和颜色。

# 任务五　熟知鸡尾酒调制所用果汁

## 任务目标

- 熟知在鸡尾酒调制过程中，果汁起到的作用及其对口感的影响。
- 了解常见果汁的类型及其特点。
- 能根据鸡尾酒的配方和需求，选择合适的果汁进行调制。
- 能正确地制作新鲜的果汁，掌握其制作方法和技巧。

## 知识储备

### 一、果汁的作用

果汁在鸡尾酒调制中起着重要的作用，它们为饮品提供了多种关键元素，包括口味、酸度、甜度和香气，还增添了丰富的水果风味和新鲜感。

（1）增添果汁口味　不同类型的果汁为鸡尾酒带来不同的口味和风味。柠檬汁、酸橙汁和莓果汁等酸味果汁为鸡尾酒带来清新的酸度，而橙汁、菠萝汁和苹果汁等甜味果汁可以增加鸡尾酒的甜味。

（2）酸度调整　果汁中的酸度可以平衡酒的甜度，使饮品更加爽口和平衡。酸味果汁如柠檬汁和酸橙汁在某些鸡尾酒中被广泛使用，以增加口感的清新度。

（3）甜度平衡　某些果汁（如橙汁）含有天然的甜度，可以减少鸡尾酒对糖的需求，从而创造更加平衡的口感。

（4）香气增加　果汁中的天然香气可以为鸡尾酒增添复杂性和深度。例如，青柠汁中的柠檬油提供了柠檬的清新香气，而莓果汁中的浆果香气可以丰富鸡尾酒的风味。

（5）颜色调整　不同类型的果汁可以为鸡尾酒提供不同的颜色。例如，西瓜汁和草莓汁可以赋予鸡尾酒粉红色或红色，而菠萝汁可以增加鸡尾酒的浅黄色。

（6）稀释效应　果汁通常含有水分，可以将鸡尾酒中的酒精稀释，使其更加平和，这对于一些强烈的烈酒鸡尾酒如玛格丽特（Margarita）等尤为重要。

（7）新鲜感　使用新鲜压榨的果汁可以为鸡尾酒带来真正的新鲜感，使其更加美味。

### 二、果汁的分类

鸡尾酒调制过程中使用的果汁类饮料通常以成熟和适度保存的新鲜水果为原材料，通过机械加工而制成的果汁或混合果汁制品。这些果汁可以单纯以果汁形式存在，也可以在此基础上加入糖浆、酸味剂等成分，以调制出各种口味的鸡尾酒。

#### 1. 纯天然果汁

纯天然果汁是指由新鲜成熟果实直接榨汁后不经稀释、不经发酵的纯果汁，一般此类果汁含糖量较高，含有丰富的维生素、膳食纤维和矿物质。在酒吧中，很多调酒师喜欢用鲜榨果汁调味。

### 2. 浓缩果汁

浓缩果汁是在水果榨成原汁后再采用低温真空浓缩的方法，蒸发掉一部分水分做成的。在配制100%纯果汁时，须在浓缩果汁原料中增加与原汁在浓缩过程中失去水分等量的水，制成具有原水果果肉的色泽、风味和可溶性固态物含量的制品。此类浓缩果汁作为果汁饮料的基本原料，可以加水稀释直接饮用，同时也是酒吧调酒的基本原材料之一。

### 3. 果汁饮料

果汁饮料是用天然果汁加入糖、水、柠檬酸、香料及其他原料调配至适宜酸甜度的饮品，其果汁含量不低于10%。目前，此类饮品较为流行，如日常生活中饮用的美汁源果粒橙。

### 4. 水果饮料

水果饮料是指在果汁中加入水、糖、酸味剂等调制而成的清汁或混汁饮品。成品中果汁含量不低于5%，如鲜橙多、北冰洋橙汁汽水等。

### 5. 天然果浆

天然果浆是指水分较低或黏度较高的果实，经破碎筛滤后所得的黏稠状加工制品，一般稀释后饮用，或作为沙冰类饮品的调味品或装饰品。

### 6. 果肉果汁

果肉果汁是果肉经打浆、粉碎后变成微粒化混悬液，再添加适量的糖、香料、酸味剂调制而成的。一般要求原果浆含量在45%以上，果肉细粒含量在20% 以上，并具有一定的稠度。

### 7. 发酵果汁

发酵果汁是在果汁中加入酵母进行发酵，得到含酒精量5%左右的发酵液，再向发酵液中添加适量的柠檬酸、糖、水，调配成酒精含量低于0.5%的软饮料。这种饮料具有鲜果的香味，又略带醇香的味道，常加入碳酸气体，使口感爽适。



**知识卡片** 我国果汁饮品市场发展现状

果汁中保留了水果中大部分的营养成分，例如维生素、矿物质、糖分和膳食纤维中的果胶等。常喝果汁可以助消化、润肠道，补充膳食中营养成分的不足。

由于消费者健康养生意识的增强，越来越多的人开始转向果汁含量较高的产品——高浓度果汁饮品或纯果汁饮品。2011～2021年，果汁饮料在软饮料行业的占比不断下降，到2021年市场占有率已降至12.81%。

从果汁饮料的品牌竞争格局来看，美汁源和汇源是我国两大知名的果汁饮料品牌，占据市场头两把交椅。康师傅、统一、农夫果园、纯果乐等品牌紧随其后。

在目前的我国果汁饮料市场中，低浓度果汁饮料依然占据了主要的市场份额。但随着经济的增长、人民生活水平的提高，消费者对于果汁的浓度要求也在逐渐上升，高浓度果汁饮品和纯果汁饮品的市场占比将越来越大。

## 任务介绍

同学们，结合调制鸡尾酒所用果汁的相关理论知识，请尝试自制鲜榨橙汁，并品尝比较鲜榨橙汁与瓶装橙汁的区别。

## 任务实施

### 自制鲜榨橙汁

**所需材料：**

新鲜的橙子、榨汁机、刀、玻璃杯、过滤网。

**制作步骤：**

1. 选择新鲜、有机的橙子，确保橙汁良好的口感。
2. 洗净橙子，用刀切去橙子的两端，切成两半，以便更容易榨汁。
3. 打开榨汁机，将橙子放在榨汁机的榨汁槽上，开始榨汁。
4. 用玻璃杯收集榨出的橙汁，如果不喜欢橙汁中有果渣，可以使用过滤网进行过滤。
5. 品饮鲜榨橙汁，记录味道、口感和香气特点，并与瓶装橙汁作比较。

## 学习评价

根据所学知识技能，掌握各类果汁的特点和作用，并进行师生评价。

| 评价项目 | 分数 | 学生自评（50%） | 教师评分（50%） | 总分 |
|---|---|---|---|---|
| 熟知在鸡尾酒调制过程中，果汁的作用及其对口感的影响 | 10 | | | |
| 能正确地制作新鲜的果汁，掌握制作方法和技巧 | 20 | | | |
| 能根据鸡尾酒的配方和需求，选择合适的果汁进行调制 | 20 | | | |
| 能根据顾客的需求和喜好，调制出具有创意和独特风味的含果汁的鸡尾酒 | 20 | | | |
| 对果汁具有一定的鉴赏能力 | 20 | | | |
| 了解不同类型果汁的应用场景，对鸡尾酒口感和风味微妙差异有敏感度和欣赏能力 | 10 | | | |

## 实训练习

### 一、单选题

1. 纯天然果汁是指由新鲜成熟果实直接榨汁后不经（　　）、不经发酵的纯粹果汁。
   A. 稀释　　B. 蒸馏　　C. 晾晒　　D. 加工

2. （　　）是在水果榨成原汁后再采用低温真空浓缩的方法，蒸发掉一部分水分做成的。

A. 纯天然果汁　　B. 果汁饮料　　C. 浓缩果汁　　D. 果啤

3. 果汁饮料是用天然果汁加入糖、水、（　　）、香料及其他原料调配至适宜的酸甜度的饮品，其果汁含量不低于10%。

A. 茴香　　B. 糖精　　C. 果汁酸　　D. 柠檬酸

4. 果肉果汁是指果肉经打浆、粉碎后变成微粒化混悬液，再添加适量的糖、（　　）、酸味剂调制而成。

A. 香料　　B. 柠檬酸　　C. 糖浆　　D. 奶精

### 二、实操题

你现在要参加一个调酒比赛，需要使用烈酒和果汁调制一种创新的鸡尾酒。调制时需要考虑果汁的酸度、甜度，以及基酒的烈度等因素，以确保你的创意鸡尾酒独具特色。请思考鸡尾酒的配方及调制技巧。

## 任务六　知晓鸡尾酒调制所用辅料

### 任务目标

- 熟知在鸡尾酒调制过程中，辅助材料的作用和使用方法。
- 了解辅助材料的种类及其特点和应用场景。
- 能根据鸡尾酒的配方和需求，选择合适的辅助材料进行调制。
- 能正确地制作和运用各种辅助材料，以增强鸡尾酒的口感和风味。

### 知识储备

#### 一、辅料的作用

（1）平衡口味　添加糖浆或其他甜味剂可以平衡酸度、酒精和其他成分的味道，使鸡尾酒更加美味和容易入口；添加柠檬汁、酸橙汁、樱桃汁等酸味成分可以增强鸡尾酒的清新感，平衡甜味或酸味，提供更多层次的口感，同时可用于装饰和点缀。

（2）增添独特风味　添加香料、草药等辅料，可以为鸡尾酒带来独特的风味，以增加口感的多样性。

（3）额外功能　添加如能量饮料、咖啡等，可以为鸡尾酒增加额外的功能和效果，如加入咖啡因可增加提神的功效。

#### 二、辅料的分类

##### （一）香料类

##### 1. 肉豆蔻

肉豆蔻（见图6-32）有强烈的芳香气味，味辛辣、微苦，具有一种甜甜的类似坚果和木材的味道。调制鸡蛋牛奶类型的鸡尾酒时，在酒面撒上豆蔻粉可以达到去腥增香的作用，如白兰地蛋诺鸡尾酒。

### 2. 肉桂

肉桂（见图6-33）有花果般的芳香气味，桂皮嚼起来先甜后辣。肉桂含有的桂皮醛是一种镇静剂成分，对于缓解兴奋过度或者疲劳有一定的作用。肉桂是咖啡和鸡尾酒中的一种常用调料。

### 3. 丁香

丁香（见图6-34）是所有香辛料中芳香气息最强的品种之一，闻起来香气醇厚、非常突出，带有话梅般的强烈的甜辛香味，入口也有浓郁的味道，会有少许麻舌感和苦涩感。丁香在低温状态时无法散发出香气，所以多用于搭配热饮，如热托地鸡尾酒。

图6-32　肉豆蔻

图6-33　肉桂

图6-34　丁香

### 4. 薄荷

薄荷（见图6-35）的味道清凉，甜润微辛，清爽宜人。常见的薄荷品种有胡椒薄荷、苹果薄荷、绿薄荷、普列薄荷、凤梨薄荷和柠檬香水薄荷等。调制鸡尾酒时，将薄荷碾碎，可以用于调制薄荷朱莉普等鸡尾酒。

### 5. 迷迭香

迷迭香（见图6-36）口感清甜，带有松木香的气味，香味浓郁，甜中带有苦味，经常用于鸡尾酒的辅料和装饰，可以增加酒的香气。

### 6. 罗勒

罗勒（见图6-37）的滋味比较香甜，香味浓烈且清新；同时带有轻微的苦味，苦中带香，非常迷人。

图6-35　薄荷

图6-36　迷迭香

图6-37　罗勒

## （二）药草类

### 1. 龙胆草

龙胆草（见图6-38）味苦、性寒，具有清热祛湿、泻肝胆之火等功能，主要成分为龙胆苦味素、生物碱等。龙胆根可作为龙胆苦味酒的原料。

### 2. 当归

当归（见图6-39）有浓郁的香气，味道香甜、辛、微苦，性质温和，有补气养身的保健作用，常作为比特酒的制作原料。

图6-38　龙胆草

图6-39　当归

### 3. 苦艾

苦艾（见图6-40）苦中带香，口感稍微有些辛辣，具有清热祛湿、驱蛔、健胃的功效。苦艾是味美思、茴香酒和比特酒等的原料。

### 4. 金鸡纳树皮

金鸡纳树（见图6-41），又名奎宁树，奎宁就取自金鸡纳树皮。金鸡纳树皮味道苦涩，是调制汤力水的常用材料，会赋予饮品微微甘苦的味道，从而形成一种特殊的口感。

图6-40　苦艾

图6-41　金鸡纳花与树皮

## （三）蔬菜类

### 1. 番茄

番茄榨成番茄汁所具有的营养价值很高，经常作为调酒辅料使用，例如血腥玛丽。

### 2. 黄瓜

黄瓜具有清新、爽口、略带苦涩的特点，内含丰富的水分、维生素、矿物质。在调酒时，小型黄瓜通常拿来当作鸡尾酒搅拌棒的代用品。

### 3. 芹菜

芹菜口感清脆，有股清新的香气。在调酒时，芹菜的加入可以增添饮品的层次感，带来清新的口感，有时也将芹菜做成长棒状用来替代吧匙。

### 4. 洋葱

洋葱的味道独特，以辛辣、刺激为主，略带苦味。调制鸡尾酒用的是其中的小球种根蒜，又称为珍珠洋葱，主要被当作辣味鸡尾酒的装饰，如吉布森鸡尾酒。

### （四）水果类

#### 1. 橙子

橙子甜而微酸，有一种明亮、爽口的味道，同时带有一些微苦味。橙子在调酒中可以起到装饰作用，橙汁也是调酒中常用的果汁。但要注意的是，牛奶不能和橙类混合，因为牛奶中的蛋白质会和果酸结合凝结成块。

#### 2. 柠檬

柠檬由于糖分少、酸味强，非常清爽可口，因此能够平衡酒中的甜味或苦味，柠檬皮可以为饮品增添芳香和独特的风味。柠檬通常被用来制作各种鸡尾酒，如莫吉托、马天尼和伏特加等，以及各种冷饮、果汁鸡尾酒和其他混合饮品。通过添加柠檬汁或柠檬皮，调酒师可以调整饮品的风味和口感，创造出独特的饮酒体验。

#### 3. 青柠

青柠果皮呈绿色，皮薄，比柠檬酸，苦味较重，香气浓郁。尽管柠檬和青柠都带有独特的芳香味道，但是香味来源不一样。柠檬的香味主要来自果皮和果汁，而青柠的香味则来源于果皮。青柠通常用于制作莫吉托、各种柠檬鸡尾酒、蓝柑橘汁和其他饮品。强烈酸味和清新感使青柠成为一种倍受欢迎的酸性水果，用来调味和增强各种饮品和食物的口感。

#### 4. 草莓

草莓的口感甜美、多汁、清新，且带有一些轻微的酸味，具有独特的水果香气。草莓容易榨汁，可用来调制鸡尾酒，也可以作为杯饰。

### （五）茶饮料

茶饮料是指用水浸泡茶叶，经抽提、过滤、澄清等工艺制成的茶汤，或在茶汤中加入水、糖液、酸味剂、食用香精、果汁或植（谷）物抽提液等调制加工而成的制品。茶饮料具有茶叶的独特风味，含有天然茶多酚、咖啡因等成分，能与基酒结合创造出一些清新和独特的鸡尾酒，如茶柠酒等。

### （六）其他辅料

#### 1. 白砂糖

白砂糖是用甘蔗或甜菜等植物加工而成的一种调味品，其主要成分是蔗糖，也是常用的甜味剂。白砂糖在调酒中用来平衡酒饮的口味和增添甜味。在一些酒饮中，如莫吉托或柠檬酥皮鸡尾酒，白砂糖可以用来调整饮品的质地，使之更加均匀、分散和柔和。

#### 2. 食盐

少量的食盐可以增强饮品中其他成分的风味，突显某些味道，尤其是对于某些水果鸡尾酒，如西柚或血橙鸡尾酒，食盐可以增加水果的自然甜味。同时，食盐可以中和某些酸味，使酒饮的口感更加平衡，特别适用于柠檬或酸橙鸡尾酒的制作。在调酒中使用食盐需要非常谨慎，因为过多的食盐可能会掩盖其他味道并损害饮品的口感。通常，只需在调酒中加入一小撮食盐即可，然后根据口味逐渐调整。不是所有鸡尾酒都适合加入食盐，需要根据具体的饮品配方和口味需求来判断。

### 3. 可可粉

可可粉（见图6-42）是从可可树结出的豆荚（果实）里取出的可可豆（种子），经发酵、粗碎、去皮等工序得到的可可豆碎片（通称可可饼），由可可饼脱脂粉碎之后的粉状物，即为可可粉。可可粉在调酒中通常用于增加巧克力和可可的味道，为酒饮增添深度和口感的丰富性。

### 4. 糖浆

糖浆是通过煮或其他技术制成的、黏稠的、含高浓度的糖的溶液。糖浆在调酒中发挥多种重要作用，它是一种常见的酒饮成分，用于调整酒饮的甜度、口感和平衡。糖浆通常可分为不同类型，包括简单糖浆（由水和糖混合而成）、果味糖浆、草本糖浆和香草糖浆等，这些不同类型的糖浆可以用于制作各种鸡尾酒，以满足不同的口味需求。

### 5. 吉利丁

吉利丁又称明胶或鱼胶，由英文名Gelatin音译而来。吉利丁是一种明胶质体，可以增加饮品的质地，使其更加浓稠和口感丰富。这对于制作一些奶油酒、甜品酒或酒吧经典鸡尾酒如马天尼等特别有帮助。吉利丁粉见图6-43。

图6-42 可可粉

图6-43 吉利丁粉

### 6. 蜂蜜

蜂蜜在调酒中通常作为甜味剂和柔和剂使用，为酒品带来甜美的口感。同时，蜂蜜的香气和味道也可以为酒品增添层次感。

**知识卡片** 关于柠檬的冷知识

柠檬是鸡尾酒调制中使用最为普遍的水果食材之一。新鲜的柠檬色泽鲜亮、充满汁水，且富含维生素C、纤维、钾和柠檬酸，是鸡尾酒中最常用的酸味剂之一。除了使用新鲜柠檬外，还可以把柠檬脱水、糖渍、腌渍或者用柠檬皮增香，或是作为装饰品。

那么你知道为什么酒杯上经常要插半片柠檬吗？

起初，饮品店的环境参差不齐，将柠檬片插在杯口可以驱赶苍蝇。渐渐地这个习惯就被保留了下来，柠檬片也成为一种装饰，同时也可以防止一些果汁类饮料氧化变色。

## 任务介绍

苦精是使用植物材料调味的酒精制剂，具有苦味、酸味的口味特点，将植物的风味浓缩了起来，通常酒精度在40%～55%。同学们，下面的任务是简单制作一份苦精，品尝其滋味并记录。

## 任务实施

本任务将详细介绍柑橘苦精的制作，同学们需要根据这些调制步骤制作出简单的苦精，并品尝其滋味、思考其用法。

### 柑橘苦精的制作

**所需材料：**

柑橘皮（通常使用橙子、柚子、柠檬或青橙皮）、酒精度为70%以上的基酒（如伏特加生命之水、百加得151、高度白酒）、柠檬刀密封玻璃容器、滤纸或细网筛。

**制作步骤：**

1. 选择新鲜的柑橘水果，最好是有机的，以确保没有农药残留。
2. 用柠檬刀将柑橘的外皮剥下，尽量避免带有果肉或白色部分，因为这些部分可能会使苦精变得过于苦涩。
3. 将柑橘皮切成小块，放入干净、干燥的玻璃瓶或容器中。
4. 倒入足够的高度酒精度的无味酒精，以完全覆盖柑橘皮块，确保柑橘皮块完全浸泡在酒精中。
5. 密封容器，放置在阴凉、干燥、无阳光直射的地方，每隔一段时间轻轻摇动或搅拌容器，以促进柑橘皮的味道传递到酒精中。
6. 若想要浓郁的苦味，可浸泡15天左右。也可以根据口味调整浸泡时间，尝试浸泡不同的时间以找到喜欢的苦味程度。
7. 使用滤纸或细网筛过滤出苦精汁，去除柑橘皮块，测量酒精度数，可用纯净水将其稀释至需要的酒精度数。
8. 将苦精汁倒入干净、干燥的玻璃瓶或容器中，密封储存。

## 学习评价

根据所学知识技能，掌握各类辅料的作用、特点和使用方法，并进行师生评价。

| 评价项目 | 分数 | 学生自评（50%） | 教师评分（50%） | 总分 |
|---|---|---|---|---|
| 熟知在鸡尾酒调制过程中，所用辅助材料的作用 | 10 | | | |
| 了解辅助材料的种类及其特点和应用场景 | 20 | | | |
| 能根据鸡尾酒的配方和需求，选择合适的辅助材料进行调制 | 20 | | | |
| 能正确地制作和运用各种辅助材料，以增强鸡尾酒的口感和风味 | 20 | | | |
| 对辅助材料有一定的鉴赏能力 | 20 | | | |
| 培养对鸡尾酒口感和风味微妙差异的敏感度和欣赏能力 | 10 | | | |

**拓展阅读** 香料——中世纪欧洲的奢侈品

大航海时代，欧洲人对香料极度渴求，他们开辟了从欧洲到东方大陆的新航线，从而发展起横跨亚欧大陆的香料贸易。香料的英文词语“Spice”来源于拉丁文“Species”，意为“具有特殊的价值或者十分精美的物品”，由此可见香料在中世纪欧洲的地位。

日常生活中人们说的香料一般是指能够散发令人愉悦气味的熏香制品等，但在中世纪的欧洲，香料还包括胡椒、肉桂、丁香、肉豆蔻等调味品，番红花、樟脑、麝香等药用品以及一些染料。在当时，香料的价格十分昂贵，人们狂热地追捧香料，使香料成为社会中的奢侈品，甚至一度和黄金等价，其中，胡椒就被称为“黑色黄金”。

香料极高的价值使它在一段时间内成为一种替代性的货币，同时还赋予了它极高的社会价值，它是欧洲中世纪社会当中财富与地位的象征。

香料在宴会上的应用最能显现出它是地位的象征：香料成为宴会上被最先送上桌的精品，越多的香料则意味着宴会的规格和主人家的地位越高。此外，香料还成为外交礼品被统治者们相互赠送。由此而见，香料在中世纪欧洲被称为奢侈品一点也不为过。

## 实训练习

### 一、单选题

1. 调制鸡蛋牛奶类型鸡尾酒时，常加入（　　）以达到去腥增香的效果。

A. 豆蔻粉　　B. 肉桂粉　　C. 丁香　　D. 柠檬

2. 调制汤力水常用的药材类材料是（　　）。

A. 龙胆草　　B. 当归　　C. 苦艾　　D. 金鸡纳树皮

3. 现代酒吧中，鸡尾酒杯口常插入一块（　　）作为装饰，还可以防止果汁类饮料氧化变色。

A. 柠檬　　B. 草莓　　C. 苹果　　D. 橙子

### 二、实操题

学校正在举办鸡尾酒创意大赛，请根据本任务所学知识，设计一款创意鸡尾酒参赛。他们需要考虑辅料的味道、香气和外观，以确保鸡尾酒具有吸引力。

# 项目七

# 调制鸡尾酒

## 项目提要

在全面学习了鸡尾酒调制器具、调制方法和调制所用相关原料之后，本项目进入调制鸡尾酒环节。本项目分别介绍了经典鸡尾酒、以酒精饮料为基酒的鸡尾酒、无酒精鸡尾酒等的调制配方和调制方法，重点突出调制技巧的运用，并对调制过程中的注意事项进行说明。

## 项目目标

- 熟记各类鸡尾酒的调制配方和调制方法。
- 掌握代表性鸡尾酒的设计原理与调制步骤。
- 能独立完成各种鸡尾酒的调制。

## 项目内容

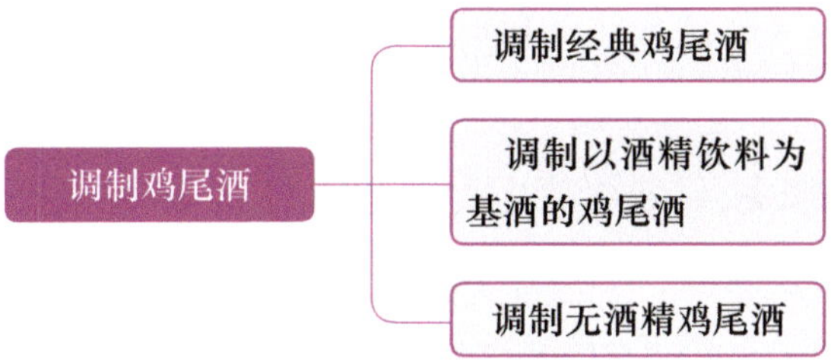


## 任务一　调制经典鸡尾酒

### 任务目标

- 掌握经典鸡尾酒的调制方法。
- 熟记经典鸡尾酒所用的配方。
- 能独立完成经典鸡尾酒的调制，并熟练运用调制方法。

### 知识储备

鸡尾酒作为一种混合饮品，由两种及以上的酒或饮料、果汁、汽水混合而成。鸡尾酒的种类繁多，每款鸡尾酒在酒精含量、调制方法、酒的具体成分等方面均有差别。本任务将带领同学们认识部分经典鸡尾酒，了解并掌握各款经典鸡尾酒调制的配方、方法、步骤、注意事项等，培养调酒的基本技艺，并最终独立完成各款经典鸡尾酒的调制。

## 一、马天尼

马天尼（见图7-1）被认为是鸡尾酒之王，其种类众多，被公众熟知。饮用马天尼的酒杯，上部呈倒三角形，下部是细长握柄加圆形底盘。原名叫作“马天尼杯”，现在被称为“鸡尾酒杯”，可见马天尼在鸡尾酒中的地位。

图7-1　马天尼

### 1. 马天尼的调制配方

马天尼口味辛辣，是烈性鸡尾酒的代表，所用材料不多，但因为采用加强型葡萄酒即味美思酒，使整个酒体层次非常丰富。本款酒调制配方见表7-1。

干马天尼的调制

表7-1　马天尼的调制配方

| 项目 | 内容 |
|---|---|
| 所用材料 | 金酒75ml、干味美思15ml、绿橄榄2颗、黄柠檬皮1片、冰块 |
| 调制方法 | 调和法 |
| 载杯 | 鸡尾酒杯 |
| 器具 | 调酒杯、吧匙、鸡尾酒针、滤冰器 |

### 2. 马天尼的调制方法

（1）在鸡尾酒杯中放入4～5粒冰块，用吧匙顺时针搅拌冰块几秒，让杯子结霜冷却，放在边上备用。

（2）调酒杯中放入4～5粒冰块，依次倒入干味美思酒以及金酒。采用项目四所学操作方法，顺时针或逆时针沿冰块的四周迅速搅拌杯中的酒液，搅拌4～5圈，让酒液混合。

（3）倒掉鸡尾酒杯中的冰块，然后用滤冰器盖在调酒杯上方，向鸡尾酒杯中倒入酒液。

（4）取事先准备好的黄柠檬皮，将柠檬皮油挤在液面上。

（5）取出鸡尾酒针穿过准备好的绿橄榄，斜插入酒中，并把酒杯放到杯垫上，完成出品。

### 3. 马天尼调制的注意事项

（1）倒酒之前，注意倒掉鸡尾酒杯中的冰块和冰水。

（2）挤黄柠檬皮时注意残渣不能掉到酒液中。



## 二、红粉佳人

图7-2　红粉佳人

红粉佳人（见图7-2），也叫作粉红佳人，英文名为“Pink Lady”。红粉佳人酒色粉红美艳，酒味芳香，入口润滑，适宜四季饮用。

### 1. 红粉佳人的调制配方

红粉佳人的调制

红粉佳人颜色呈粉红，可观性强，味道酸甜可口，深受女士喜爱。

本款鸡尾酒不易融合，需要增加摇和的次数与力度。本款酒的调制配方见表7–2。

表7–2　红粉佳人的调制配方

| 项目 | 内容 |
| --- | --- |
| 所用材料 | 金酒45ml、新鲜柠檬汁15ml、红石榴糖浆15ml、鸡蛋清1个、带枝红樱桃1颗、冰块 |
| 调制方法 | 摇和法 |
| 载杯 | 鸡尾酒杯 |
| 器具 | 吧匙、滤网、雪克壶 |

### 2. 红粉佳人的调制方法

（1）在空鸡尾酒杯中放入4～5粒冰块，用吧匙顺时针搅拌冰块几秒，让杯子结霜冷却，放在边上备用。

（2）在雪克壶中放入4～5粒冰块，依次倒入新鲜柠檬汁、鸡蛋清、红石榴糖浆、金酒，并将其充分摇和，加大摇和的幅度与频率。

（3）倒掉杯中冰块，将雪克壶中的液体倒入鸡尾酒杯中，一定等到最后倒出白色泡沫，使其漂浮在液体表面。

（4）把带枝红樱桃切口，挂于杯子边缘，放置在杯垫上出品。

### 3. 红粉佳人调制的注意事项

（1）摇和时，加大幅度与频率，但别让酒液洒出。

（2）提前准备好所用的材料，鸡蛋清用滤网分离出。

## 三、得其利

得其利是古巴某矿山的名字。据传，在这里工作的采矿工程师用当地产的朗姆酒和砂糖调和的鸡尾酒，口味酸甜可口，无比清爽，不仅有很好的消暑功效，还有健胃作用，因此将其命名为得其利（见图7–3）。

图7–3　得其利

### 1. 得其利的调制配方

得其利需要用糖霜进行挂杯，操作需要细致，挂杯才能均匀美观。饮用时会先接触到甜味的糖霜，然后是浓烈的朗姆酒味，随之而来的是酸甜感。本款酒的调制配方见表7–3。

得其利的调制

表7–3　得其利的调制配方

| 项目 | 内容 |
| --- | --- |
| 所用材料 | 白朗姆酒45ml、新鲜柠檬汁15ml、白砂糖1/2茶匙、柠檬皮1条、柠檬角1块、冰块 |
| 调制方法 | 摇和法 |
| 载杯 | 鸡尾酒杯 |
| 器具 | 吧匙、挂杯盘、雪克壶 |

### 2. 得其利的调制方法

（1）在空鸡尾酒杯中放入4～5粒冰块，用吧匙顺时针搅拌冰块几秒，让杯子结霜冷却。

（2）倒掉杯中冰块，用柠檬角擦拭杯子边缘，然后倒扣在挂杯盘上，让平铺在盘上的白砂糖均匀地粘在杯子边缘。

（3）在雪克壶中放入4～5粒冰块，依次倒入白砂糖、新鲜柠檬汁、白朗姆酒，并将其充分摇和，让白砂糖充分融合。

（4）将雪克壶中的液体倒入鸡尾酒杯中。

（5）将柠檬皮拧曲，形成螺旋形状，放入杯中，把酒杯放置在杯垫上出品。

### 3. 得其利调制的注意事项

（1）摇和时，可以延长摇和时间，保证白砂糖与酒液充分融合。

（2）挂杯时，注意水平倒扣，均匀粘上白砂糖。

## 四、玛格丽特

玛格丽特（见图7-4），是1949年美国全国鸡尾酒大赛的冠军之作。该款鸡尾酒口感浓郁，带有清爽的果香和龙舌兰酒特殊的香味，入口酸甜，清爽宜人。

图7-4　玛格丽特

### 1. 玛格丽特的调制配方

玛格丽特需要用盐进行挂杯，操作需要细致，挂杯才能均匀美观。作为龙舌兰酒的代表性鸡尾酒，本款酒不仅美观，口感也非常独特。本款酒的调制配方见表7-4。

玛格丽特的调制

表7-4　玛格丽特的调制配方

| 项目 | 内容 |
|---|---|
| 所用材料 | 龙舌兰酒45ml、君度力娇酒30ml、青柠汁15ml、糖浆10ml、柠檬角1块、食盐、冰块 |
| 调制方法 | 摇和法 |
| 载杯 | 玛格丽特杯 |
| 器具 | 吧匙、挂杯盘、雪克壶 |

### 2. 玛格丽特的调制方法

（1）在空玛格丽特杯中放入4～5粒冰块，用吧匙顺时针搅拌冰块几秒，让杯子结霜冷却。

（2）倒掉杯中冰块，用柠檬角擦拭杯子边缘，然后倒扣在挂杯盘上，让平铺在盘上的食盐均匀地粘在杯子边缘。

（3）在雪克壶中放入4～5粒冰块，依次倒入糖浆、青柠汁、君度力娇酒、龙舌兰酒，并将其充分摇和。

（4）将雪克壶中的液体倒入玛格丽特杯中，放置在杯垫上出品。

### 3. 玛格丽特调制的注意事项

（1）挂杯时，注意水平倒扣，均匀粘上食盐。

（2）倒酒时切勿触碰到盐边。

## 五、亚历山大

19世纪中叶，为了纪念英国国王爱德华与皇后亚历山大的婚礼，所以调制了这种鸡尾酒作为对皇后的献礼，也因此得名亚历山大（见图7-5）。由于酒中加入了可可利口酒和鲜奶油，所以喝起来口感柔滑，适合女性饮用。

图7-5　亚历山大

### 1. 亚历山大的调制配方

亚历山大的调制

亚历山大口感柔软顺滑，深受女性喜爱。如果将基酒换成伏特加，就是另一款鸡尾酒“芭芭拉”。本款酒的调制配方见表7-5。

表7-5　亚历山大的调制配方

| 项目 | 内容 |
| --- | --- |
| 所用材料 | 白兰地30ml、棕可可利口酒30ml、淡奶油30ml、豆蔻粉、冰块 |
| 调制方法 | 摇和法 |
| 载杯 | 浅蝶形香槟杯 |
| 器具 | 吧匙、撒粉器、雪克壶 |

### 2. 亚历山大的调制方法

（1）在空的浅蝶形香槟杯中放入4～5粒冰块，用吧匙顺时针搅拌冰块几秒，让杯子结霜冷却，放在边上备用。

（2）在雪克壶中放入4～5粒冰块，依次倒入淡奶油、棕可可利口酒、白兰地酒，并将其充分摇和。

（3）将雪克壶中的液体倒入浅蝶形香槟杯中。

（4）在液面上方用撒粉器撒上少许豆蔻粉，将酒杯放置在杯垫上出品。

### 3. 亚历山大调制的注意事项

（1）摇和时，可以加大力度，以让原料充分融合。

（2）撒粉时，在酒液中心点撒少许即可，不宜过多。

## 六、龙舌兰日出

龙舌兰日出（见图7-6），又名特基拉日出，得名于其基酒龙舌兰和其营造出的火红色太阳般的色彩。龙舌兰日出以其浓烈的龙舌兰香味与热情奔放的阳光气息，成为龙舌兰系鸡尾酒的代表，备受人们欢迎。

图7-6　龙舌兰日出

特基拉日出的调制

### 1. 龙舌兰日出的调制配方

龙舌兰日出使用新鲜橙汁，橙香味十足。同时会用到兑和法里的分层手法，把红石榴糖浆沉到底部，看上去就像刚从平原升起的太阳。本款酒的调制配方见表7-6。

表7-6　龙舌兰日出的调制配方

| 项目 | 内容 |
|---|---|
| 所用材料 | 龙舌兰酒45ml、红石榴糖浆15ml、橙汁适量、橙片一片、冰块 |
| 调制方法 | 兑和法 |
| 载杯 | 高脚杯或飓风杯 |
| 器具 | 吧匙、吸管 |

## 2. 龙舌兰日出的调制方法

（1）在高脚杯或飓风杯中放入8分满的冰块。

（2）往里依次倒入龙舌兰酒、橙汁，再用吧匙作为引导缓慢加入红石榴糖浆。

（3）把准备好的橙片挂于杯口，插入吸管，将酒杯放置在杯垫上出品。

## 3. 龙舌兰日出调制的注意事项

（1）加入红石榴糖浆时需缓慢注入，过快会和橙汁产生融合。

（2）第一种饮用方式可以搅拌，这样颜色和口感均匀；第二种饮用方式不用搅拌，颜色呈现渐变色，会尝到由浓变浅的口感。

# 七、血腥玛丽

血腥玛丽鸡尾酒由伏特加、番茄汁、柠檬块、芹菜根混合而制成，鲜红的番茄汁看起来很像鲜血，故而得名血腥玛丽（见图7-7）。

图7-7　血腥玛丽

## 1. 血腥玛丽的调制配方

调制血腥玛丽的配方十分简单，主要使用新鲜番茄汁和伏特加兑和而成。酒精刺激感因番茄汁而减弱，装饰物会用到芹菜，所以喝起来更像是喝蔬果汁。本款酒的调制配方见表7-7。

调和法调制血腥玛丽

表7-7　血腥玛丽的调制配方

| 项目 | 内容 |
|---|---|
| 所用材料 | 伏特加45ml、番茄汁适量、半月形柠檬块1块、芹菜根1条、冰块 |
| 调制方法 | 调和法 |
| 载杯 | 老式杯或古典杯 |
| 器具 | 吧匙、调酒杯、滤冰器 |

## 2. 血腥玛丽的调制方法

（1）在老式杯或古典杯中放入6分满的冰块。

（2）往调酒杯中依次倒入番茄汁、伏特加，再用吧匙搅拌。

（3）用滤冰器盖住调酒杯，倒入老式杯或古典杯中。

（4）挂上柠檬块，斜插入芹菜根，将酒杯放置在杯垫上出品。

### 3. 血腥玛丽调制的注意事项

（1）使用的番茄汁较多，调和时注意不能洒出来。

（2）除上文介绍的调制方法外，还可以直接把材料加入酒杯中，并用芹菜根进行搅拌。

## 八、新加坡司令

新加坡司令（见图7-8）是由一名在新加坡某酒店工作的酒保发明的。他应顾客要求改良金汤力酒，调出了一种口感酸甜的酒，即新加坡司令，后来逐渐走红。

图7-8　新加坡司令

### 1. 新加坡司令的调制配方

新加坡司令这款酒口感清爽，酒精度数不高，有消除疲劳的功效。本款酒的调制配方见表7-8。

新加坡司令的调制

表7-8　新加坡司令的调制配方

| 项目 | 内容 |
| --- | --- |
| 所用材料 | 金酒45ml、樱桃白兰地30ml、新鲜柠檬汁30ml、红石榴糖浆15ml、苏打水适量、带枝红樱桃1颗、半月形柠檬块1块、冰块 |
| 调制方法 | 摇和法和兑和法 |
| 载杯 | 高脚杯 |
| 器具 | 吧匙、雪克壶、鸡尾酒针、吸管 |

### 2. 新加坡司令的调制方法

（1）在高脚杯中放入8分满的冰块。

（2）往雪克壶中依次倒入新鲜柠檬汁、红石榴糖浆、樱桃白兰地、金酒，充分摇和，雪克壶挂霜即可。

（3）打开壶盖，将摇和好的酒液倒入高脚杯中。

（4）再在酒杯中倒入苏打水，控制好流速，可以形成渐变色；如不需要可以用吧匙搅拌，但需轻搅，以保存苏打水的气泡。

（5）用鸡尾酒针穿上带枝红樱桃和柠檬块，斜插入杯中，因冰块原因会停留在酒液上部，放置在杯垫上出品。

### 3. 新加坡司令调制的注意事项

（1）摇和时，不能加入带气泡的液体。

（2）倒入苏打水时，控制好流速，可以形成渐变色。

（3）装饰物可以放入酒液中，也可以挂于杯口。

## 九、曼哈顿

图7-9　曼哈顿

曼哈顿（见图7-9）是一款经典且充满历史感的鸡尾酒，最初起源于美国纽约曼哈顿，凭借其优雅的口感和醇厚的味道迅速成为世界各地的饮酒人士钟爱的饮品之一。

### 1. 曼哈顿的调制配方

曼哈顿的调制配方与操作都与马天尼相似，其颜色诱人，酒精度较高，味道层次感强。本款酒的调制配方见表7-9。

曼哈顿的调制

表7-9　曼哈顿的调制配方

| 项目 | 内容 |
| --- | --- |
| 所用材料 | 黑麦威士忌75ml、红味美思15ml、安格拉斯苦精酒2滴、红樱桃1颗、冰块 |
| 调制方法 | 摇和法 |
| 载杯 | 鸡尾酒杯 |
| 器具 | 吧匙、雪克壶 |

### 2. 曼哈顿的调制方法

（1）在杯中放入4～5粒冰块，用吧匙顺时针搅拌冰块几秒，让杯子结霜冷却，放在边上备用。

（2）往雪克壶中依次倒入安格拉斯苦精酒、红味美思、黑麦威士忌，充分摇和。

（3）倒掉杯中的冰块，打开壶盖，向鸡尾酒杯中倒入酒液。

（4）取事先准备好的红樱桃，让它沉入酒液中，并把酒杯放到杯垫上，完成出品。

### 3. 曼哈顿调制的注意事项

（1）注意倒酒之前，先倒掉鸡尾酒杯中的冰块和冰水。

（2）注意红樱桃不是挂杯，而是放入酒液中。

## 十、冰冻玛格丽特

图7-10　冰冻玛格丽特

冰冻玛格丽特（见图7-10）是调酒师在夏日里根据玛格丽特酒的配方开发出来的沙冰口感的鸡尾酒。酸甜口感让它在夏季里极具人气。

### 1. 冰冻玛格丽特的调制配方

冰冻玛格丽特需要用到盐作为挂边，操作需要细致，挂杯才能均匀美观。如果将君度力娇酒换成蓝橙力娇酒，就会得到冰冻蓝色玛格丽特。本款酒的调制配方见表7-10。

表7-10　冰冻玛格丽特的调制配方

| 项目 | 内容 |
| --- | --- |
| 所用材料 | 龙舌兰酒45ml、君度力娇酒30ml、青柠汁15ml、糖浆10ml、青柠檬片1片、青柠檬角1块、食盐、冰块 |
| 调制方法 | 搅和法 |
| 载杯 | 玛格丽特杯 |
| 器具 | 挂杯盘、搅拌机 |

### 2. 冰冻玛格丽特的调制方法

（1）用柠檬角擦拭杯子边缘，然后倒扣在挂杯盘上，让平铺在盘上的食盐均匀地粘在杯子边缘。

（2）在搅拌机中放入2个玛格丽特杯体积大小的冰块，依次倒入糖浆、青柠汁、君度力娇酒、龙舌兰酒，并将其充分搅拌。

（3）将搅拌机中的液体倒入玛格丽特杯中。

（4）挂上青柠檬片并放置在杯垫上出品。

### 3. 冰冻玛格丽特调制的注意事项

（1）挂杯时，注意水平倒扣，均匀粘上食盐。

（2）搅拌时盖好盖子，别让冰块蹦出。

**知识卡片**　预调鸡尾酒

预调鸡尾酒（Ready-to-drink，RTD），是指以蒸馏酒、发酵酒、配制酒等为酒基，加入橙子、柠檬、苹果等的果汁调配而成，酒精度一般在2.5%～9%之间的低酒精果汁混合饮品。预调鸡尾酒属于新兴的品类，是配制酒的一种。

## 任务介绍

同学们，前面项目四已经学习了四种主要调制方法，结合本任务所学知识，选取经典鸡尾酒中的四款作为调制对象，分别运用四种不同的调制方法独立完成经典鸡尾酒的调制。

## 任务实施

本任务需根据四种调制方法分别挑选一款经典鸡尾酒作为调制对象，下面以马天尼为例，详细演示使用调和法调制马天尼的过程。请参照此过程完成其余调制方法的练习。

### 马天尼的调制

**所需材料：**

鸡尾酒杯（见图7-11）、调酒杯（见图7-12）、吧匙、鸡尾酒针、滤冰器、金酒、干味美思、绿橄榄、黄柠檬皮、冰块。

图7-11　鸡尾酒杯

图7-12　调酒杯

**操作步骤：**

1. 在空鸡尾酒杯中放入4～5粒冰块，用吧匙顺时针搅拌冰块几秒（见图7-13），让杯子结霜冷却，放在边上备用。

2. 在调酒杯中放入4～5粒冰块，依次倒入干味美思15ml、金酒75ml，顺时针或逆时针沿冰块的四周迅速搅拌杯中的酒液，搅拌4～5圈，让酒液混合，见图7-14。

3. 倒掉鸡尾酒杯中的冰块，然后用滤冰器盖在调酒杯上方，向鸡尾酒杯中倒入酒液，见图7-15。

图7-13　冰杯

图7-14　调和

图7-15　倒酒

4. 放入鸡尾酒针串好的绿橄榄，斜插入杯中，见图7-16。

5. 取出柠檬皮，将柠檬皮油挤在液面上，见图7-17。

6. 之后即可出品（见图7-18），然后清理桌面及操作台。

图7-16　放入绿橄榄

图7-17　挤柠檬皮油

图7-18　出品

## 学习评价

根据所学知识技能，练习经典鸡尾酒的调制，以小组为单位进行师生评价。

| 评价项目 | 分数 | 学生自评（50%） | 教师评分（50%） | 总分 |
|---|---|---|---|---|
| 掌握各种经典鸡尾酒的调制配方和调制方法 | 40 | | | |
| 能够独自熟练调制出各种经典鸡尾酒 | 40 | | | |
| 学习态度端正、遵守纪律 | 10 | | | |
| 能进行团队协作、沟通顺畅 | 10 | | | |

## 实训练习

### 一、单选题

1. 调制经典鸡尾酒亚历山大使用（　　）为基酒 。

A. 金酒　　B. 白兰地　　C. 伏特加　　D. 朗姆酒

2. 制作血腥玛丽使用的调制方法是（　　）。

A. 摇和法　　B. 兑和法　　C. 调和法　　D. 搅和法

3. 得其利是一款以（　　）为基酒的鸡尾酒。

A. 金酒　　B. 威士忌　　C. 白兰地　　D. 朗姆酒

4. 曼哈顿的调制是依次倒入红味美思、（　　）、安格拉斯苦精酒，并将其摇和。

A. 可可利口酒　　B. 黑麦威士忌

C. 干邑白兰地　　D. 番茄汁

### 二、实操题

请同学们对自己所调制的一款经典鸡尾酒进行拍照，图文并茂地进行宣传，阐述其制作理念和亮点。

## 任务二　调制以酒精饮料为基酒的鸡尾酒

### 任务目标

- 掌握以酒精饮料为基酒的鸡尾酒调制方法。
- 熟记以酒精饮料为基酒的鸡尾酒调制的配方。

### 知识储备

除了使用烈酒作为基酒调制鸡尾酒外，还可以将酒精饮料作为基酒调制鸡尾酒。本任务挑选了几款以利口酒、葡萄酒、啤酒、中国白酒、日本酒为基酒的鸡尾酒，介绍其调制方法及配方。

图7-19　天使之吻

### 一、天使之吻

“天使之吻”（见图7-19）是甜味餐后鸡尾酒，当红樱桃放入后再拉起时，可见鲜奶油上的漩涡如天使嘴唇般开合，该酒因此得名。

#### 1. 天使之吻的调制配方

天使之吻是由棕可可利口酒和鲜奶油组合搭配而成，调制出和谐的温润口感，其调制配方见表7-11。

天使之吻的调制

表7-11　天使之吻的调制配方

| 项目 | 内容 |
| --- | --- |
| 所用材料 | 棕可可利口酒3/4杯、鲜奶油1/4杯、无枝红樱桃1颗 |
| 调制方法 | 兑和法 |
| 载杯 | 利口酒杯 |
| 器具 | 量酒器、吧匙、鸡尾酒针 |

## 2. 天使之吻的调制方法

（1）直接在杯中缓慢倒入棕可可利口酒，大约占杯子3/4的量。

（2）利用量酒器，倒入1/4的鲜奶油，注意倒入时可用吧匙作为引导，倒入棕可可利口酒的上面，保持悬浮。

（3）取出鸡尾酒针，穿过准备好的无枝红樱桃，把樱桃架在酒杯的正中央。然后把酒杯放到杯垫上，完成出品。

## 3. 天使之吻调制的注意事项

（1）吧匙导入鲜奶油时，勿加入过多，加至杯口线以下即可。

（2）樱桃穿好后，放入杯口正中央，没入奶油中。

# 二、金巴利苏打

金巴利苏打是世界范围内广受欢迎的流行鸡尾酒，见图7-20。在长饮鸡尾酒中，这是一款为数不多的餐前鸡尾酒。

图7-20　金巴利苏打

金巴利特有的甜味及微苦味搭配苏打水的清爽，使清新的口感留存于口中。装饰物方面，采用水果块或水果片都可以。

兑和法调制金巴利苏打

## 1. 金巴利苏打的调制配方

金巴利苏打，口感微苦，具有微量的甜味，夏季饮用开胃清爽，其调制配方见表7-12。

表7-12　金巴利苏打的调制配方

| 项目 | 内容 |
| --- | --- |
| 所用材料 | 金巴利45ml、苏打水适量、橙子块1块、冰块 |
| 调制方法 | 兑和法 |
| 载杯 | 高脚杯 |
| 器具 | 量酒器、吧匙 |

## 2. 金巴利苏打的调制方法

（1）在高脚杯中放入8分满的冰块。

（2）直接在杯中倒入金巴利酒，然后加入苏打水到9分满，并用吧匙轻轻搅拌。

（3）把橙子块直接插入杯中，然后把酒杯放到杯垫上，完成出品。

### 3. 金巴利苏打调制的注意事项

（1）苏打水倒入后，用吧匙轻搅几下。

（2）橙子块插入杯中，味道更佳。

图7-21　绿色蚱蜢

## 三、绿色蚱蜢

绿色蚱蜢（见图7-21）鸡尾酒的色彩为绿色，颜色与蚱蜢或蝗虫类似，酒名由此得来。

绿色蚱蜢具有白可可利口酒和绿薄荷利口酒散发出的清凉口感。材料中有鲜奶油，入口至喉咙后感到顺滑清凉，是一款甜点风格的餐后鸡尾酒。

绿色蚱蜢的调制

### 1. 绿色蚱蜢的调制配方

绿色蚱蜢入口顺滑清凉，是一款深受大众喜爱的鸡尾酒，其调制配方见表7-13。

表7-13　绿色蚱蜢的调制配方

| 项目 | 内容 |
|---|---|
| 所用材料 | 白可可利口酒30ml、绿薄荷利口酒30ml、鲜奶油30ml、冰块 |
| 调制方法 | 摇和法 |
| 载杯 | 鸡尾酒杯 |
| 器具 | 雪克壶、量酒器、吧匙 |

### 2. 绿色蚱蜢的调制方法

（1）在杯中放入4～5粒冰块，用吧匙顺时针搅拌冰块，让杯子结霜冷却，放在边上备用。

（2）往雪克壶中依次倒入鲜奶油、绿薄荷利口酒、白可可利口酒，充分摇和。

（3）倒掉杯中的冰块，打开壶盖，向鸡尾酒杯中倒入酒液，并把酒杯放到杯垫上，完成出品。

### 3. 绿色蚱蜢的注意事项

（1）倒酒之前，先倒掉鸡尾酒杯中的冰块和冰水。

（2）鲜奶油较黏稠，倒的时候需多等一会儿。

## 四、葡萄酷乐

图7-22　葡萄酷乐

葡萄酷乐是以葡萄酒为基底的酷乐风格的长饮鸡尾酒，见图7-22。这款鸡尾酒没有固定的配方，一般是将葡萄酒加入清凉的汽水果汁饮料中。作为基酒的葡萄酒使用红、白、桃红、深红葡萄酒均可。葡萄酷乐是一款具有清凉口感的水果鸡尾酒，最适合在夏季饮用。

### 1. 葡萄酷乐的调制配方

葡萄酷乐，具备红石榴糖浆、香橙利口酒、葡萄酒的综合口感，于夏季饮用冰爽可口，其调制配方见表7-14。

表7-14 葡萄酷乐的调制配方

| 项目 | 内容 |
|---|---|
| 所用材料 | 葡萄酒90ml、橙味利口酒15ml、红石榴糖浆15ml、橙汁30ml、橙子块1块、冰块 |
| 调制方法 | 兑和法 |
| 载杯 | 红酒杯 |
| 器具 | 量酒器、吧匙 |

### 2. 葡萄酷乐的调制方法

（1）首先在红酒杯中放入8分满的冰块。

（2）依次往杯中倒入橙汁、红石榴糖浆、橙味利口酒、葡萄酒，并用吧匙轻轻搅拌。

（3）把橙子块直接插入杯中，然后把酒杯放到杯垫上，完成出品。

### 3. 葡萄酷乐调制的注意事项

（1）苏打水倒入后，用吧匙轻搅。

（2）将橙子块插入杯中，味道更佳。

## 五、黑色天鹅绒

图7-23 黑色天鹅绒

“Black Velvet”意为“黑色天鹅绒”，因成品的色泽及润滑的口感而得名，见图7-23。

黑色天鹅绒将口味厚重的啤酒跟清爽的发泡型葡萄酒融合得非常协调。杯中冉冉上升的细泡宛如丝质天鹅绒般的细致，是一款口感顺滑且外观优美的鸡尾酒。

### 1. 黑色天鹅绒的调制配方

黑色天鹅绒因为整杯酒的色泽和口感而得名，其调制配方见表7-15。

表7-15 黑色天鹅绒的调制配方

| 项目 | 内容 |
|---|---|
| 所用材料 | 黑啤50ml、香槟50ml |
| 调制方法 | 兑和法 |
| 载杯 | 红酒杯 |
| 器具 | 量酒器、吧匙 |

### 2. 黑色天鹅绒的调制方法

（1）将红酒杯放在冰箱里或者冰杯机里冰镇。

（2）之后依次往杯中倒入冰镇好的黑啤、香槟，并用吧匙轻轻搅拌一下。然后把酒杯放到杯垫上，完成出品。

### 3. 黑色天鹅绒调制的注意事项

（1）进行调制前应先把红酒杯冰镇。

（2）此款酒用到的材料均是冰镇的。

## 六、中国皇帝

图7-24 中国皇帝

这款鸡尾酒采用国酒茅台作为基底，茅香浓郁，色泽金黄。从颜色上来看，很容易和古代皇帝的黄袍产生联想，故取名“中国皇帝”，见图7-24。

本款鸡尾酒用到了蛋黄和糖浆，口感上减少了白酒的刺激性，使酒液香甜顺滑。

### 1. 中国皇帝的调制配方

中国皇帝香甜顺滑，刺激柔和，其调制配方见表7-16。

表7-16 中国皇帝的调制配方

| 项目 | 内容 |
| --- | --- |
| 所用材料 | 茅台酒30ml、糖浆1茶匙、鸡蛋蛋黄1个、红樱桃1颗、冰块 |
| 调制方法 | 摇和法 |
| 载杯 | 古典杯 |
| 器具 | 雪克壶、量酒器 |

### 2. 中国皇帝的调制方法

（1）在古典杯中放入8分满的冰块。

（2）往雪克壶中依次倒入糖浆、鸡蛋蛋黄、茅台酒，充分摇和，用力多摇一会儿。

（3）打开壶盖，将摇和好的酒液倒入古典杯中。

（4）红樱桃切口挂于杯上，放置在杯垫上出品。

### 3. 中国皇帝调制的注意事项

（1）摇和时，因为有蛋黄的缘故，会产生泡沫，要防止酒液流出。

（2）加速用力摇晃，使其充分融合。

## 七、午夜星辉

图7-25 午夜星辉

本款鸡尾酒使用可乐调制，因此颜色形如星空，而酒中的跳跳糖形如星星，因此得名午夜星辉（见图7-25）。

该款鸡尾酒清甜爽口，风味别致，饮用时可听到酒中跳跳糖的爆裂声，喝到嘴里会感受到对舌头的刺激。

### 1. 午夜星辉的调制配方

午夜星辉具有可乐冰爽的口感和跳跳糖的刺激感，其调制配方见表7-17。

表7-17 午夜星辉的调制配方

| 项目 | 内容 |
| --- | --- |
| 所用材料 | 中国白酒30ml、可乐适量、跳跳糖1小袋、柠檬片1片、冰块 |
| 调制方法 | 兑和法 |
| 载杯 | 高脚杯 |
| 器具 | 吧匙、量酒器 |

### 2. 午夜星辉的调制方法

（1）首先在高脚杯中放入8分满的冰块。

（2）往杯中依次倒入中国白酒、可乐至9分满，用吧匙轻轻搅拌一下。

（3）柠檬片切口挂于杯上，把跳跳糖倒在杯中，放置在杯垫上出品。

### 3. 午夜星辉调制的注意事项

（1）可乐加入后用吧匙轻轻搅拌一下。

（2）柠檬片挂杯后，最后加入跳跳糖。

## 八、出羽菊水

出羽菊水鸡尾酒给人端庄优雅之感，见图7-26。将日本酒和水蜜桃利口酒组合到一起，就可以调制成这款清香酸甜的鸡尾酒。

图7-26 出羽菊水

### 1. 出羽菊水的调制配方

出羽菊水加入柠檬汁和紫苏汁，使酸味更加浓郁，其调制配方见表7-18。

表7-18 出羽菊水的调制配方

| 项目 | 内容 |
| --- | --- |
| 所用材料 | 日本酒 30ml、水蜜桃利口酒 15ml、紫苏汁 15ml、柠檬汁 5ml、干菊花 1朵、冰块 |
| 调制方法 | 摇和法 |
| 载杯 | 鸡尾酒杯 |
| 器具 | 雪克壶、量酒器、吧匙 |

### 2. 出羽菊水的调制方法

（1）在杯中放入4～5粒冰块，用吧匙顺时针搅拌冰块，让杯子结霜冷却，放在边上备用。

（2）往雪克壶中依次倒入柠檬汁、紫苏汁、水蜜桃利口酒、日本酒，充分摇和。

（3）倒掉杯中的冰块，打开壶盖，向鸡尾酒杯中倒入酒液。

（4）把干菊花放到酒液上，并把酒杯放到杯垫上，完成出品。

### 3. 出羽菊水调制的注意事项

（1）摇和时，要防止酒液撒出。

（2）要保证干菊花漂浮在酒液上。

**知识卡片** 刺梨酒

贵州苗族的泡酒，又称“刺梨酒”。与一般配制酒不同的是，泡酒所用的酒基不是蒸馏酒，而是连滓带汁的水酒即发酵酒。其制作方法是：先用糯米酿成糯米酒，再将刺梨果晒干盛入布袋，放在酒坛内固封浸泡。下窖3个月后，取出刺梨渣，即成。泡酒色泽呈琥珀色，味美醇香，有助消化、健胃、活血等功效。

## 任务介绍

同学们，任务一已经介绍了经典鸡尾酒的调制方法，本任务介绍了利口酒、葡萄酒、啤酒、中国白酒、日本酒等作为基酒调制的鸡尾酒。接下来，将从中挑一款酒作详细的操作演示。

## 任务实施

本任务选取天使之吻进行调制步骤的详细介绍，同学们需要记住这些鸡尾酒的配方、调制方法和调制步骤。

### 天使之吻鸡尾酒的调制

**所需材料：**

利口酒杯（见图7-27）、吧匙（见图7-28）、量酒器、鸡尾酒针、棕可可利口酒、鲜奶油、红樱桃。

图7-27 利口酒杯

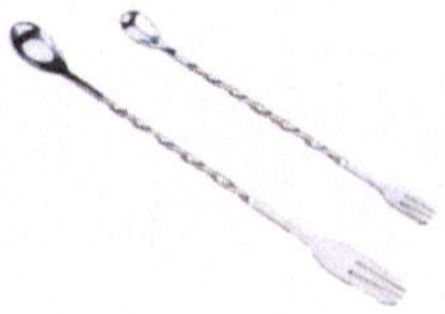

图7-28 吧匙

**制作步骤：**

1. 直接往利口酒杯中倒入3/4的棕可可利口酒。
2. 利用量酒器取1/4杯的鲜奶油，再用吧匙作为引导，在棕可可利口酒的上方，缓慢倒入鲜奶油直至九分满，见图7-29。
3. 用鸡尾酒针穿过无枝红樱桃，放在酒杯的正中央，让樱桃没入带奶油一部分，见图7-30。
4. 将酒放置在杯垫上出品，然后清理整个桌面及操作台。

图7-29 吧匙引导倒入

图7-30 樱桃放在酒杯上

## 学习评价

根据所学知识技能，练习以酒精饮料为基酒的鸡尾酒的调制，并进行师生评价。

| 评价项目 | 分数 | 学生自评（50%） | 教师评分（50%） | 总分 |
| --- | --- | --- | --- | --- |
| 掌握以酒精饮料为基酒的鸡尾酒的调制配方和调制方法 | 40 | | | |
| 能够独自熟练调制出各种以酒精饮料为基酒的鸡尾酒 | 40 | | | |
| 学习态度端正、遵守纪律 | 10 | | | |
| 能进行团队协作、沟通顺畅 | 10 | | | |

### 拓展阅读 彝族鸡蛋酒

彝族鸡蛋酒是一种具有浓郁地方特色和民族特色的保健型配制酒，是属于我国的鸡尾酒。彝族鸡蛋酒的配制方法是：

备料：酒精度为40%～45%的纯粮烧酒、生姜、草果、胡椒、鸡蛋、糖等。

煮酒：先把草果放在火塘中烤焦、捣碎，生姜洗净、去皮、捣扁。备好的草果、生姜和白酒同时下锅，温火将酒煮沸后，加糖；糖完全融化后，撤去锅底的火，但保持余热；捞出生姜及草果碎块，将鸡蛋调匀后，呈细线状缓缓注入酒锅内，同时快速搅动酒液，最后撒入胡椒粉即可饮用。

地道的彝家鸡蛋酒规配现饮，上碗时余温不去，香郁扑鼻；鸡蛋如丝如缕，蛋白洁白如丝，蛋黄金灿悦目；入口余温不绝，饮后清心提神，祛风除湿。节庆佳期，一碗热腾腾的鸡蛋酒烘托出节日的祥和与热烈；嘉宾临门，一碗香喷喷的鸡蛋酒显示出彝族的真挚与热诚。

## 实训练习

### 一、单选题

1. 下面含棕可可利口酒的鸡尾酒是（　　）。

A. 绿色蚱蜢　　B. 天使之吻　　C. 葡萄酷乐　　D. 黑色天鹅绒

2. 金巴利苏打调制用的是（　　）方法。

A. 摇和　　B. 兑和　　C. 调和　　D. 搅和

3. 黑色天鹅绒用兑和法，依次注入冰镇好的黑啤、（　　），并用吧匙轻轻搅拌一下。

A. 可可利口酒　　B. 黑麦威士忌　　C. 干邑白兰地　　D. 香槟

### 二、实操题

扫码观看以下鸡尾酒制作的过程，选择一款尝试进行调制，并将作品进行展示。

自由古巴的调制　　威士忌酸的调制　　大都会的调制　　边车的调制

# 任务三　调制无酒精鸡尾酒

## 任务目标

- 掌握无酒精鸡尾酒的调制配方。
- 掌握无酒精鸡尾酒的调制方法及注意事项。

## 知识储备

本任务选取几款无酒精经典鸡尾酒进行详细介绍，涵盖了目前广受大众欢迎的无酒精鸡尾酒。同学们需要记住这些经典鸡尾酒的调制配方及方法。

图7-31　秀兰邓波

### 一、秀兰邓波

秀兰邓波（见图7-31）是以曾经活跃于好莱坞的著名童星“秀兰·邓波”的名字命名的。这款无酒精鸡尾酒被IBA（国际调酒师协会）选为标准鸡尾酒。

秀兰邓波的调制

#### 1. 秀兰邓波的调制配方

秀兰邓波使用了红石榴糖浆使酒液颜色变成红色，加入姜汁汽水带来清爽的口感，其调制配方见表7-19。

表7-19　秀兰邓波的调制配方

| 项目 | 内容 |
| --- | --- |
| 所用材料 | 红石榴糖浆20ml、姜汁汽水适量、无枝红樱桃1颗、柠檬片或柠檬皮1片、冰块 |
| 调制方法 | 兑和法 |
| 载杯 | 玻璃杯或高脚杯 |
| 器具 | 吧匙、量酒器、长鸡尾酒针 |

#### 2. 秀兰邓波的调制方法

（1）在玻璃杯中放入8分满的冰块。

（2）往杯中依次倒入红石榴糖浆、姜汁汽水至9分满，用吧匙轻轻搅拌。

（3）使用长鸡尾酒针穿过柠檬片和无枝红樱桃，放入酒杯中；也可以将柠檬皮削成卷曲状，一端插入针上放入杯中，然后将鸡尾酒放置在杯垫上出品。

#### 3. 秀兰邓波调制的注意事项

（1）姜汁汽水加入后用吧匙轻轻搅拌一下。

（2）使用长鸡尾酒针穿过红樱桃和柠檬片，斜放入杯中。

## 二、佛罗里达

佛罗里达（见图7-32）是以美国的“佛罗里达州”命名的鸡尾酒。佛罗里达州的柑橘久负盛名，是佛罗里达鸡尾酒的灵感来源。该款酒还加入了苦精酒作为点缀，让整杯酒的口感更加丰富。

### 1. 佛罗里达的调制配方

佛罗里达鸡尾酒使用佛罗里达州盛产的柑橘，榨汁后加入其中，和柠檬汁混合带来酸甜水果口感，加入苦精酒增加了果汁的层次感，其调制配方见表7-20。

佛罗里达的调制

图7-32　佛罗里达

表7-20　佛罗里达的调制配方

| 项目 | 内容 |
|---|---|
| 所用材料 | 鲜橙汁2/3、鲜柠檬汁1/3、白砂糖1茶匙、安格拉斯苦精酒2滴、橙片或橙皮1片、冰块 |
| 调制方法 | 摇和法 |
| 载杯 | 高脚杯或柯林杯 |
| 器具 | 雪克壶、量酒器 |

### 2. 佛罗里达的调制方法

（1）在杯中放入8分满的冰块。

（2）在雪克壶中放入4～5粒冰块，依次倒入白砂糖、鲜柠檬汁、鲜橙汁，最后加入安格拉斯苦精酒，并将其充分摇和，摇和时间需延长，让白砂糖充分融入酒中。

（3）将切好的橙片挂在杯沿，也可以将橙皮削成卷曲状，一端插入杯中，然后将鸡尾酒放置在杯垫上出品。

### 3. 佛罗里达调制的注意事项

（1）需要延长摇和的时间。

（2）橙皮挂杯时，需削成均匀的条形卷曲状，在杯中挂一半。

## 三、灰姑娘

灰姑娘鸡尾酒是以童话故事中的“灰姑娘”命名的鸡尾酒，是一款具有代表性的非酒精鸡尾酒（见图7-33）。灰姑娘鸡尾酒是将鲜橙汁、黄柠檬汁、菠萝汁混合在一起搭配出黄色的液体，会让人觉得它看起来平平无奇，但是喝到嘴里，会让人感觉果味十分浓郁。

图7-33　灰姑娘

### 1. 灰姑娘的调制配方

灰姑娘鸡尾酒是将三种果汁混合在一起，使其具有十足的果味，让人心生喜欢，其调制配方见表7-21。

表7-21 灰姑娘的调制配方

| 项目 | 内容 |
|---|---|
| 所用材料 | 鲜橙汁1/3、黄柠檬汁1/3、菠萝汁1/3、薄荷叶4叶、红樱桃1颗、冰块 |
| 调制方法 | 摇和法 |
| 载杯 | 香槟杯 |
| 器具 | 雪克壶、量酒器 |

### 2. 灰姑娘的调制方法

（1）在香槟杯中放入8分满的碎冰块。

（2）在雪克壶中放入4～5粒冰块，依次倒入鲜橙汁、黄柠檬汁、菠萝汁，并将其充分摇和，进入些许气泡为最佳。

（3）使用洗干净的薄荷叶装饰，红樱桃用鸡尾酒针穿过插入杯中，然后将鸡尾酒放置在杯垫上出品。

### 3. 灰姑娘调制的注意事项

（1）多种果汁需要充分摇和，进入些许气泡为最佳。

（2）红樱桃可以用鸡尾酒针穿起来进行装饰。

## 四、猫步

猫步是由果汁和蛋黄搅拌而成的一种鸡尾酒，口感香甜润滑，独具特色（见图7-34）。

图7-34 猫步

### 1. 猫步的调制配方

猫步鸡尾酒使用蛋黄调制，带来了绵密口感，而红石榴糖浆和果汁的加入，为其带来了香甜的口感，其调制配方见表7-22。

表7-22 猫步的调制配方

| 项目 | 内容 |
|---|---|
| 所用材料 | 鲜橙汁60ml、黄柠檬汁20ml、红石榴糖浆10ml、蛋黄1个、冰块 |
| 调制方法 | 摇和法 |
| 载杯 | 蝶形香槟杯 |
| 器具 | 雪克壶 |

### 2. 猫步的调制方法

（1）在蝶形香槟杯中放入8分满的冰块。

（2）在雪克壶中放入4～5粒冰块，依次倒入鲜橙汁、黄柠檬汁、红石榴糖浆，最后加入蛋黄，并将其充分摇和，摇和时间需延长，让蛋黄充分融入并产生丰盈的泡沫。然后将鸡尾酒放置在杯垫上出品。

### 3. 猫步调制的注意事项

（1）需要延长摇和的时间。

（2）摇和完成后，要保证泡沫覆盖在酒液上。

**知识卡片** 无醇啤酒

无醇啤酒，又称脱醇啤酒、“不醉啤酒”。一般来说，酒精度在3.5%～4%的啤酒被称为普通啤酒，酒精度大于0.5%、小于2.5%的啤酒被称为低醇啤酒，而酒精度小于0.5%的啤酒被称为无醇啤酒。和普通啤酒相比，无醇啤酒原麦汁浓度和酒精含量很低。但在此基础上，无醇啤酒又能基本保持原有的风味不变，因此，近年来无醇啤酒受到更广泛的消费人群的欢迎，具有很大的市场开发前景。

## 任务介绍

同学们，本项目任务一和任务二已经介绍了经典鸡尾酒以及酒精饮料作为基酒的鸡尾酒的调制方法。本任务介绍了四款无酒精鸡尾酒的调制配方及方法。接下来，将挑选一款无酒精鸡尾酒作详细的操作演示。

## 任务实施

本任务选取猫步鸡尾酒进行详细介绍，同学们需要掌握这些经典无酒精鸡尾酒的配方、调制方法和调制步骤。

### 猫步鸡尾酒的调制

**所需材料：**

蝶形香槟杯（见图7-35）、雪克壶（见图7-36）、鲜橙汁、黄柠檬汁、红石榴糖浆、蛋黄、冰块。

图7-35　蝶形香槟杯

图7-36　雪克壶

**制作步骤：**

1. 在空蝶形香槟杯中放入4～5粒冰块，用吧匙顺时针搅拌冰块（见图7-37），让杯子结霜冷却。

2. 在雪克壶中加入4～5粒冰块，依次倒入鲜橙汁60ml、黄柠檬汁20ml、红石榴糖浆10ml，最后加入蛋黄1个，盖上过滤盖及壶盖，摇和时间需延长（见图7-38），让蛋黄充分融入并产生丰盈的泡沫。

3. 取下壶盖，将酒液倒入蝶形香槟杯中，最后用摇出的泡沫覆盖整个酒面（见图7-39）。

4. 将酒放置在杯垫上出品，然后清理整个桌面及操作台。

图7-37　搅拌冰块

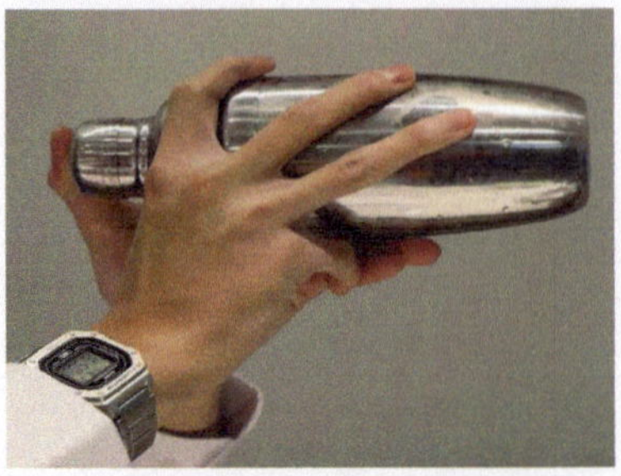

图7-38　摇和

图7-39　倒出酒液

## 学习评价

根据所学知识技能，练习无酒精鸡尾酒的调制，并进行师生评价。

| 评价项目 | 分数 | 学生自评（50%） | 教师评分（50%） | 总分 |
|---|---|---|---|---|
| 掌握无酒精鸡尾酒的调制配方及调制方法 | 40 | | | |
| 能够独自熟练调制出各种无酒精鸡尾酒 | 40 | | | |
| 学习态度端正、遵守纪律 | 10 | | | |
| 能进行团队协作、沟通顺畅 | 10 | | | |

## 实训练习

### 一、单选题

1. 调制秀兰邓波使用的碳酸饮料是（　　）。

A. 可口可乐　B. 汤力水　C. 苏打水　D. 姜汁汽水

2. 佛罗里达使用佛罗里达州盛产的（　　），榨汁后加入其中，和柠檬汁混合带来酸甜水果的口感。

A. 菠萝　B. 甘蔗　C. 柑橘　D. 椰子

3. 灰姑娘鸡尾酒是一款具有代表性的非酒精鸡尾酒，主要是把（　　）三种果汁混合在一起。

A. 橙汁、菠萝汁、黑加仑汁　B. 橙汁、西柚汁、菠萝汁

C. 橙汁、西柚汁、柠檬汁　D. 橙汁、菠萝汁、柠檬汁

4. 猫步鸡尾酒调制时使用了（　　），带来了绵密口感。

A. 蛋清　B. 蛋黄　C. 蜂蜜　D. 苏打水

### 二、实操题

请同学们练习创作一款无酒精的鸡尾酒，并将作品进行展示。

# 项目八

# 学习鸡尾酒的营销

## 项目提要

在了解了鸡尾酒制作相关知识后，本项目进入学习鸡尾酒的营销环节，介绍酒单的基础知识，以及如何设计酒单和营销鸡尾酒，包括桌单、手单、悬挂式酒单等的设计，以及营销鸡尾酒的方式、活动设计等，全面掌握鸡尾酒酒单设计与制作的知识，成功销售鸡尾酒产品。

## 项目目标

- 熟悉鸡尾酒营销的基础知识及酒单的制作方式。
- 掌握鸡尾酒酒单的设计方法。
- 掌握鸡尾酒的推销技巧。

## 项目内容

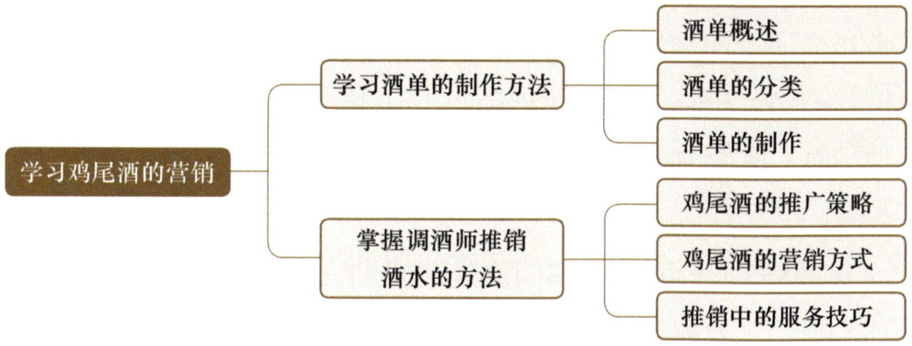


## 任务一　学习酒单的制作方法

### 任务目标

- 熟悉酒单的各种类别及其特点。
- 能根据酒吧的类型和定位，确定酒单的主题和风格。
- 能根据酒单的内容和结构，进行合理的分类和布局。

## 知识储备

### 一、酒单概述

酒单即酒吧或者餐厅里的菜单、饮料酒水单，从酒单里能直接了解酒吧的产品、特点和风格，选择出自己中意的酒水。

酒单是餐饮场所中重要的饮品清单，它不仅展示了各种酒水的种类和相关信息，如产地、年份、酿造方法和风味特点，还进行了价格公示，保证了消费的透明性。酒单通过合理的布局和推荐，可以引导顾客尝试新的或具有特色的酒水，增加销售机会，并提升餐饮场所的形象。同时，顾客可以通过酒单直接选择自己想要的饮品，节省了顾客和服务人员的时间，提升了交流效率和顾客满意度。总的来说，酒单在餐饮服务中起到了展示、引导、塑造形象和促进交流等多重作用。

### 二、酒单的分类

#### （一）按酒单的形式分类

##### 1. 桌单

桌单（见图8-1）是一种将具有画面或照片的酒单折成三角形或立体形的宣传单，通常放置在酒吧的桌子上，每桌固定一份。这种酒单常用于吧台小、酒水品种少的酒吧。在设计和制作时，应注重内容的简明扼要，以方便顾客快速浏览和阅读。桌单可以向顾客展示酒吧的特色和推荐饮品，同时提高顾客的点单率和消费额。

##### 2. 手单

手单（见图8-2）是最常见的酒吧酒单形式之一，常用于经营品种多、大吧台的酒吧。在客人入座后，服务员会递上印制精美的手单。其中，活页式手单也是可以采用的一种形式。活页式手单便于更换，调整品种、价格或撤换活页等，操作简便。也可以将季节性产品采用活页式手单呈现，定活结合，给顾客方便灵活的感觉。

##### 3. 悬挂式酒单

悬挂式酒单（见图8-3）一般悬挂在门庭处或张贴在醒目的地方，可以配上彩色线条和花边，也可以悬挂在吧台的上方或者直接写在调酒吧台上。这种酒单具有美化和广告宣传的双重效果，能够吸引顾客的注意力并提高品牌知名度。

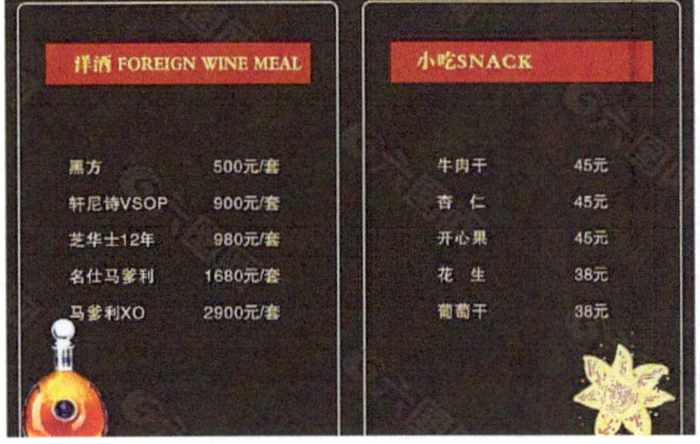


图8-1 桌单

图8-2 手单

图8-3 悬挂式酒单

### 4. 线上酒单

酒吧内的线上酒单多采取二维码的形式呈现。顾客使用手机扫描二维码，就会出现在线下单的页面，进入页面以后就可以看到鸡尾酒的各种类品、图片和价格等，只需要在线点单即可送达座位。

## （二）按酒单的功能分类

### 1. 综合性酒单

在酒水分类中，可以根据其功能和特点将酒水分为开胃酒、葡萄酒、烈性酒和无酒精饮料。为了方便顾客选择，可以将这些酒水设计在一个酒单内。此外，为了满足顾客多样化的需求，酒单中还纳入了水果、小吃等食品，形成了综合性酒单（见图8-4）。

综合性酒单在内容和整体设计上十分丰富，能够为顾客提供多样化的体验。顾客在酒吧内不仅能够品尝到各种美味的酒水，还能享受到各种特色水果和小吃，从而增加了酒吧的业务种类和收入来源。同时，综合性酒单还能够吸引更多不同类型的顾客前来消费，进一步拓展了酒吧的客源市场。

### 2. 专项酒单

专项酒单（见图8-5）通常包含一种特定类型的酒，并按照酒的等级和产地进行详细分类。这种类型的酒单主要应用于主题酒吧或高级餐厅，以提供特定类型的酒品供顾客选择。

图8-4　综合性酒单

图8-5　专项酒单

### 3. 餐厅式酒单

在许多餐厅，酒单通常被安排在菜单的最后一部分。这种设计的主要目的是为顾客提供便利，使他们能够轻松浏览并选择适合的酒水，从而与美食完美搭配，提升顾客整体的用餐体验。

## 三、酒单的制作

酒单在酒吧经营和管理中扮演着重要的角色，它不仅是沟通顾客和酒吧经营者的桥梁，还是酒吧无声的“推销员”和管理的重要工具。一份合格的酒单应该能够反映酒吧的经营特色，衬托酒吧的氛围，同时为酒吧带来经济效益。此外，酒单作为一种艺术品，能够给人留下美好的印象。因此，酒单不是简单地将酒水罗列在几张纸上，而是需要调酒师、酒吧管理人员等集思广益、群策群力，将顾客喜爱的且能反映酒吧经营特色的酒水产品印制在酒单上。通过精心的设计和制作，酒单可以成为酒吧吸引顾客和展示特色的重要手段。

### （一）酒单的设计原则

消费者青睐的酒单在制作时应综合考虑以下四个方面：适应性、多样性、消费者友好性以及合理的定价策略。

第一，适应性指的是酒单上的酒款应与菜单上的菜品形成良好的搭配，确保顾客在品尝美食时能找到与之相辅相成的酒水。例如，如果餐厅的特色菜品是香辣的，那么在酒单上应该提供与香辣口味相匹配的葡萄酒，以增强顾客的用餐体验。

第二，多样性同样至关重要。在满足与菜品的搭配需求的同时，酒单上的酒品应尽量展现多样性，为顾客提供丰富的选择空间。这不仅能够满足不同顾客的口味偏好，还能为餐厅增添吸引力。

第三，消费者友好性指的是酒单的设计和布局应当便于顾客阅读和理解，即便是对酒水不太熟悉的顾客也能够轻松地找到自己感兴趣的产品。这包括清晰的分类、简洁的描述、可能的推荐搭配，以及任何可能帮助顾客做出选择的辅助工具，如风味图谱或酒品评分等。此外，服务人员应接受适量的酒品知识培训，使他们能够更好地辅助顾客做出选择，这也是提升消费者友好性的重要方面。

第四，定价策略则涉及酒单上酒水的价格设置，需要考虑到成本、市场定位、目标顾客群体以及竞争对手的定价。合理的定价策略既能保证餐厅的利润，又能让顾客感到物有所值。价格应该反映酒水的品质和稀有性，同时也要考虑到顾客的支付意愿。餐厅可以通过提供不同价格区间的酒水来满足不同顾客的需求，包括一些高性价比的选择和一两款高端产品来吸引不同消费水平的顾客。

### （二）酒单的内容

#### 1. 酒水品种

酒单中的各种酒水应按照其特点进行分类，并以类别排列各种酒品。一些酒吧根据人们用餐时饮用酒水的习惯，将酒水分为开胃酒、烈性酒、鸡尾酒、利口酒和软饮料等，并在每一类中安排适当数量有特色的酒水。每个类别的酒水品种数量不宜过多，以免影响顾客的选择，同时也会使酒单失去特色。酒水的类别尽量不要超过20类，每类4～5个品种即可，并尽量保持数量平衡。

#### 2. 酒水名称

酒水名称是酒单的核心内容，直接影响顾客对酒水的选择。因此，酒水名称应当真实可靠，尤其是鸡尾酒的名称，必须名副其实，这样才能让顾客对酒水产品和酒吧产生信任。夸张的名称或与质量不符的酒水产品都会影响顾客对酒吧的印象。特别是鸡尾酒的质量，必须符合其名称所代表的投料标准。此外，外文名称也非常重要，酒单上的英文名称以及准确翻译的中文名称都是酒单的重要组成部分，不能忽视。

### 3. 酒水价格

在制作酒单时，酒水的定价也是要重点考虑的因素。定价应该根据酒吧的定位、特色以及地理位置等因素进行权衡。具体来说，首先要参考当地物价局的指导价格，不能过高或过低；其次要考虑到酒吧的目标市场和顾客群体的收入水平以及接受度；最后还要考虑酒吧的环境和其他节目等因素，可以适当增减价格。在酒水价格制定中一定要注意价格的区间度不能相差太大，同时与其他酒水、餐饮产品的价格要形成合适的搭配。

### 4. 销售单位

在酒吧的酒单中，鸡尾酒通常以杯为单位进行销售。因此，一些酒单会明确写出销售单位为杯，而有些酒单则默认以杯为单位。至于续杯的具体情况，则要根据酒吧的实际销售情况进行确定。

### 5. 酒水介绍

酒吧的酒单通常会根据不同的定位而有所不同。高档酒吧，鸡尾酒的酒单一般除了酒名外，还会详细列出鸡尾酒的配料和比例，甚至解释其含义和口感特点，以便顾客更好地了解和选择鸡尾酒。而对于一般酒吧则视具体情况而定。如果鸡尾酒是酒吧的重要销售产品，那么酒单通常会详细介绍；如果鸡尾酒只是辅助销售产品，那么酒单可能会相对简单一些。

## （三）酒单制作的步骤

酒单制作需要遵循以下步骤：首先，要明确酒吧的经营策略和方针，了解市场需求、顾客饮用的习惯和对酒水价格的接受能力；其次，要确定酒水的采购途径、费用、品种等，了解酒水的品名、特点、级别、产地、年限及制作工艺；再次，要明确酒水的成本、售价及企业合理的利润，选择优质的纸张，认真地对酒单进行设计和筹划，写出酒水的名称、价格、销售单位等内容；最后，要做好销售记录，定时评估和改进，将顾客购买率低的酒水品种去掉，重新推出顾客喜爱的酒水产品。

**知识卡片** 酒单上常见的酒品种类

威士忌酒分为4类：普通威士忌酒、优质威士忌酒、波旁威士忌酒和加拿大威士忌酒；白兰地酒分为2类：普通科涅克和高级科涅克等；鸡尾酒分为2类：短饮类鸡尾酒和长饮类鸡尾酒；无酒精饮品分为茶、咖啡、果汁、汽水及混合饮料5大类等。各种酒水的品种数量平衡，使酒单显得规范、整齐并容易阅读，顾客容易选择适合自己的酒水。

## 任务介绍

同学们，结合酒单制作的相关理论知识，根据酒单的各种类别特征和酒单设计制作的内容和步骤，进行鸡尾酒酒单的制作。

## 任务实施

### 酒单的制作

第一步：确定主题和风格：选择一个与酒吧装修风格相匹配的主题，例如复古、现代、海边等。同时，考虑到鸡尾酒的特点，可以选择一个与鸡尾酒调制的技巧和风格相符的主题，例如经典鸡尾酒、创新鸡尾酒、水果鸡尾酒等。

第二步：收集鸡尾酒配方：根据选定的主题和风格，收集相关的鸡尾酒配方，了解更多有关鸡尾酒的知识和调制技巧。同时，要确保所收集的配方是可靠和实用的。

第三步：分类和布局：将收集的鸡尾酒配方进行分类，可以根据口味、颜色、成分等标准进行分类。同时，根据分类结果，合理安排酒单的布局，使其看起来有序、美观。

第四步：设计酒单外观：使用图像处理软件进行酒单的排版和设计，可以选择与主题和风格相匹配的字体、颜色和图片，以吸引顾客的注意力。同时，可以添加一些简洁的图案或线条来装饰酒单。

第五步：撰写酒单内容：使用文字编辑软件进行酒单内容的撰写和编辑，包括鸡尾酒的名称、配方、制作方法、特色等，以及酒吧的服务介绍、地址、联系方式等信息。

第六步：印刷和使用：将酒单进行印刷和装订，可以选择合适的纸张、印刷工艺和装订方式，以确保酒单的质量和耐用性。将完成的酒单发布到酒吧内或线上平台，供顾客使用和参考，或者将其制作成海报或宣传单进行宣传使用。同时要关注顾客的反馈和使用情况，及时进行更新和完善。

## 学习评价

根据所学知识技能，练习酒单的制作，并进行师生评价。

| 评价项目 | 分数 | 学生自评（50%） | 教师评分（50%） | 总分 |
|---|---|---|---|---|
| 了解酒单的分类、设计原则和内容 | 20 | | | |
| 能根据酒吧的类型和定位，确定酒单的主题和风格 | 20 | | | |
| 能根据酒单的内容和结构，进行合理的分类和布局 | 20 | | | |
| 能对酒单进行精细化设计和具备良好的职业素养 | 20 | | | |
| 具备为顾客提供优质的酒单服务的能力，包括提供专业的饮品推荐和建议 | 20 | | | |

### 拓展阅读 新式酒饮

数据显示，2021年第一季度在天猫、淘宝销售渠道上，销售增速在100%及以上的酒类品牌有2449家，其中新式酒饮品牌为1415家，占比约57.8%。2021年“618”期间，天猫新式酒饮销量更是同比增长超过90%。天猫“55大促”中，梅子酒增长同比超过1000%。新式酒饮的线上销售呈现快速增长趋势。

传统酒饮包括啤酒、白酒、黄酒和红酒等，而新式酒饮是区别于传统酒饮以外的酒，现阶段新式酒饮以果酒、预调酒、米酒、果味啤酒、露酒、气泡酒等低度酒品类为主，其味道利口、包装清新脱俗、定位健康微醺、用户年轻潮流以及社交属性愉悦轻快。

传统酒水市场消费端年轻客户、女性客户的流失与空白是业内共识，尽管传统酒水迭代变新，但年轻消费者貌似并不买单，消费人群变化进而引发消费习惯的变迁亟待酒水市场“推陈出新”。新式酒饮正是从传统酒水市场间隙着力，造就行业火爆现象。

## 实训练习

### 一、单选题

1. 季节性产品可以采用（　　）展示，便于调整品种、价格。

A. 桌单　　B. 活页式手单　　C. 悬挂式酒单　　D. 专项酒单

2. 某酒吧酒单上不仅有各类鸡尾酒，还有水果、甜品、零食等产品，这种酒单属于（　　）。

A. 悬挂式酒单　　B. 综合性酒单　　C. 专项酒单　　D. 餐厅式酒单

3. 酒单设计的原则不包括（　　）。

A. 适应性　　B. 专业性　　C. 消费者友好性　　D. 合理的定价策略

### 二、实操题

请同学们为学校实训室酒吧设计一份完美的酒单。

## 任务二　掌握调酒师推销酒水的方法

### 任务目标

- 了解鸡尾酒的推广策略和营销方式。
- 能根据市场情况和目标客户，制定合理的鸡尾酒销售策略。
- 培养对鸡尾酒销售的良好职业素养。
- 具备为顾客提供优质的鸡尾酒销售服务的能力，包括提供专业的产品推荐和建议。

### 知识储备

鸡尾酒作为一种饮品，已经成为现代社交场合中不可或缺的一部分。鸡尾酒的味道和风格多样，能够满足不同人群的口味需求。目前，鸡尾酒市场呈现出快速增长的趋势，消费者对鸡尾酒的需求不断增加。鸡尾酒市场的竞争越发激烈，品牌需要不断创新、差异化定位和制定行之有效的营销策略，才能在市场中占据一席之地。

## 一、鸡尾酒的推广策略

### 1. 品牌形象的打造

品牌形象是消费者对于品牌的印象，可以通过设计独特的酒瓶、酒标、包装等方式，打造独特、时尚、创新的品牌形象。

### 2. 营销活动的策划

可以通过组织鸡尾酒文化节、鸡尾酒比赛等活动来提升品牌知名度。同时，可以在社交媒体平台上开展线上推广活动，吸引更多的消费者关注和参与。

### 3. 开拓渠道

鸡尾酒品牌需要开拓更多的销售渠道，如酒吧、餐厅、超市等，增加产品的曝光率和销售量。此外，可以与其他品牌合作，共同推广鸡尾酒文化。

### 4. 创新产品

创新产品是提升市场竞争力的重要途径之一。为了满足不同消费者的需求，调酒师可以研发更多口味独特、风格各异的鸡尾酒产品。

## 二、鸡尾酒的营销方式

### 1. 客户营销

客户营销是一种以客户为中心的营销策略，其核心是培养忠诚客户。忠诚客户会持续重复购买系列产品，并对其他品牌具有“免疫力”。客户营销的重要性在于通过关怀营销来提高客户服务质量，针对酒吧的老客户采取有针对性的关怀措施，例如在节假日发放优惠券、生日赠送小礼物和酒水等。此外，利用微信、短信等信息媒介对客户进行慰问也是必不可少的。

### 2. 价格营销

价格营销是指根据市场需求，合理制定价格，并适当降低产品价格以刺激市场销售。在进行价格营销时，作为经营者，必须考虑前期市场调研的结果。酒吧的目标客户群、当地的经济发展水平、客户的消费水平和能力、竞品的价格等，这些因素都可能影响酒吧的酒水定价。毫无疑问，酒吧所在地区的经济发展水平决定了消费群体的消费水平，消费群体的特点对酒水定价起着重要作用。

### 3. 节日促销

节日促销是指利用中西方传统及现代的节庆开展营销活动，以吸引大量客流前来消费。促销活动在快消品行业较为普遍，如超市、商场、速食餐厅等。一些小门店也可以通过供应商提供人力、物力及财力的支持，举办特色节庆促销活动。酒吧可以在一些重要节日，推出特色饮品和活动，并在网络媒介上提前进行广告宣传。根据节日内容调整活动方案，与顾客进行更多的互动，让消费者身心都得到享受，增强消费者在酒吧的体验。

### 4. 网络营销

网络营销，是指利用网络、通信和数字媒体技术等手段来达成营销目的的商务活动。当前，网络营销的方式层出不穷，已经遍布整个互联网。以下是可以具体借鉴的几种操作方式。

（1）人员营销　通过酒吧的营销人员、调酒师、经营者等内部人员，在具有较高网络关注度的平台上，定期发布精美的图片、视频或进行直播等，可以吸引公众的关注和兴趣，从而为酒吧带来更多的客流量。同时，还可以通过与粉丝的互动，了解顾客的需求和反馈，及时调整酒吧的服务和产品，提升顾客满意度。

（2）网络名人+特色营销　聘请本地的网络名人进行采访或者推荐店内的鸡尾酒，也是有效的营销策略。名人在推荐酒吧时，需要强调其特点，例如装饰风格、特色饮品和食物、优美的景观等。名人推荐并进行特色营销，可以吸引那些对新鲜事物充满好奇的网络用户到酒吧消费。

（3）渠道营销　鸡尾酒的营销策略通常涵盖线下直接饮用和线上预售两个部分。对于线下的鸡尾酒品牌，需要积极开拓更多的销售渠道，例如酒吧、餐厅、超市等，从而增加产品的可见度并提高销售量。在线上，需要通过诸如抖音、小红书、大众点评等平台进行产品预售和推广，以引导客户流到线下进行消费。除此之外，与其他品牌进行合作，共同推动鸡尾酒文化的普及也是一个重要的策略。

## 三、推销中的服务技巧

推销过程具有极大的变化性，而以人为本的服务中存在许多不确定因素。对这些不确定因素的不同处理方式，将导致整个推销过程产生不同的结果。如果服务人员能够恰当地处理这些情况，会使销售过程变得顺利，客户满意度也会提高。反之，如果处理不当，可能会引发客户的反感，对销售过程产生负面影响。因此，服务人员在推销过程中应掌握以下服务技巧：

（1）保持自然、活泼的微笑是服务人员的基本素质之一，这种微笑会给顾客留下深刻的印象，有助于增强顾客对酒吧的好感度和信任感。通过微笑和自信的表现，吸引顾客的注意力和兴趣。

（2）服务人员应主动向顾客递上酒单，而不是等到顾客需要时才拿出来。在介绍酒品时，可以适当称赞酒的质量和口感，但要避免夸大其词或虚假宣传。当顾客点好酒后，服务人员一定要再次确认点单内容。

（3）当顾客点酒时，如果发现顾客读错了鸡尾酒的名字或出现其他错误，服务人员不要当场指出或纠正，而应当婉转地以礼貌的方式向顾客指出，并最后重复顾客点的鸡尾酒名字以确认无误。

（4）当服务人员成功推销出一杯鸡尾酒时，应立即为顾客提供饮品，以确保顾客有足够的时间来享用，这也将为服务人员提供机会推销出第二杯鸡尾酒。

（5）服务人员应随时观察顾客的酒杯，一旦发现顾客的酒杯空了，应主动热情地询问顾客是否再来一杯。这种积极的服务态度将有助于增加销售量并提高客户满意度。

**知识卡片** 推销酒水小技巧

推销酒水技巧一："形象式"推销。良好的形象是成功一半。衣着打扮整洁大方、举手投足适宜得体、始终以微笑待人的推销人员往往能占尽先机，表示对顾客的重视和友好，这样才能得到顾客的认可和好感，留下良好的第一印象，从而完成酒水的推销。

推销酒水技巧二：注意心理推销技巧，要想让自己推销成功那么抓住顾客的心理是相当重要的。顾客在消费的时候，他们会对那些比较有优惠的酒水感兴趣，因此，如果有这类酒水应在第一时间向其推销，这样不仅节省了推销时间，而且顾客比较高兴、愿意消费。

## 任务介绍

同学们，结合鸡尾酒营销的相关理论知识，根据鸡尾酒营销的原理和市场分析，进行一款鸡尾酒的营销策划方案的制订。

## 任务实施

### 鸡尾酒营销策划方案的制订

第一步，确定目标市场和受众：通过确定目标市场和受众，了解他们的消费习惯、需求和偏好。例如，针对年轻人、商务人士等不同客群进行分析，确定适合的营销策略和推广渠道。

第二步，产品研发与设计：根据目标市场和受众的需求，进行鸡尾酒产品的研发与设计。可以结合时下流行的口味和趋势，同时注重创新和独特性，打造具有吸引力的鸡尾酒产品。

第三步，品牌定位与传播：为鸡尾酒产品确定品牌定位，并制定相应的传播策略。品牌定位可以是时尚、高端或亲民等，根据目标客群的需求进行精准的传播策略制定。通过广告、社交媒体等多种渠道，提高品牌知名度和形象。

第四步，促销活动与推广：设计各种促销活动和推广方案，以吸引消费者的关注和提高销售量。例如，可以推出限时优惠、买一赠一、满减等促销活动；或者组织品鉴会、调酒师表演等活动进行产品推广。通过这些活动，增加消费者互动和黏性，提高品牌忠诚度。

第五步，评估与调整：定期对营销策略和活动进行评估和调整。评估内容包括销售量、客户满意度、品牌知名度等指标。根据评估结果，及时调整营销策略和活动方案，以实现更好的营销效果。同时，需要关注市场变化和竞争对手的动态，及时调整自身策略以保持竞争优势。

第六步，合作与联动：寻找合适的合作伙伴进行联动营销，可以扩大产品的覆盖面和提高品牌影响力。例如，与知名餐厅、酒吧进行合作，共同推出特色鸡尾酒品。

第七步，持续创新与研发：不断进行鸡尾酒产品的创新与研发，以满足市场和消费者需求的变化。定期推出新品鸡尾酒，或者结合节日、季节等因素推出限定款鸡尾酒，保持品牌的新鲜感和吸引力。同时，要关注行业动态和技术发展趋势，将新技术和新理念融入产品研发中。

## 学习评价

根据所学知识技能，练习鸡尾酒的推销，并进行师生评价。

| 评价项目 | 分数 | 学生自评（50%） | 教师评分（50%） | 总分 |
|---|---|---|---|---|
| 了解鸡尾酒的推广策略 | 10 | | | |
| 能根据市场情况和目标客户，制定合理的鸡尾酒销售策略 | 30 | | | |
| 能选择合适的销售渠道和方法，进行鸡尾酒的销售和推广 | 30 | | | |
| 培养对鸡尾酒销售的良好职业素养 | 20 | | | |
| 具备为顾客提供优质鸡尾酒销售服务的能力，包括提供专业的产品推荐和建议 | 10 | | | |

### 拓展阅读 鸡尾酒行业发展现状

自20世纪90年代引入我国，鸡尾酒初为舶来品，主要以外国品牌为主导，价格较高，主要在沿海发达城市销售，行业规模较小。21世纪以来，随着国家经济的快速发展，消费者可支配收入增加，鸡尾酒行业逐渐壮大，市场中出现了百加得、红广场、锐澳等品牌，推动鸡尾酒消费从即饮渠道转向商超等非即饮渠道。

近年来，随着互联网的普及，鸡尾酒爱好者通过在线服务购买酒类。随着电子商务的兴起，预调鸡尾酒的消费量不断增长。未来，大量的社交需求将推动鸡尾酒销量的增长，尤其是即饮鸡尾酒，由于便携性和高质量，成长速度将会超过其他类别。

## 实训练习

### 一、单选题

1. 通过抖音、小红书、微信朋友圈等进行酒水宣传和推广，吸引顾客到店消费，这是采用（　　）的方式。

A. 事件营销　　B. 渠道营销　　C. 特色营销　　D. 价格营销

2. 当顾客到店后，服务人员应该（　　）。

A. 等到顾客需要时再拿出酒单　　B. 询问“您想喝酒吗？”

C. 推荐酒吧最贵的酒水　　D. 主动向顾客递上酒单

3. （　　）不利于鸡尾酒的营销。

A. 与其他品牌合作推广鸡尾酒文化　　B. 打造独特的鸡尾酒品牌形象

C. 通过酒吧人员进行线上直播　　D. 夸大其词地宣传酒水

### 二、实操题

请同学们在大学城进行清吧市场调研，统计出最受大学生欢迎以及大学城销量最好的鸡尾酒。

# 参 考 文 献


[1] 王立进．调酒技艺[M]．北京：中国旅游出版社，2021．

[2] 莱纳．鸡尾酒：调酒的艺术[M]．北京：中国轻工业出版社，2017．

[3] 阿诺德．液体的智慧：关于调制完美鸡尾酒的科学与艺术[M]．北京：北京科学技术出版社，2022．

[4] 郭慕，周小芮．调好一杯鸡尾酒[M]．北京：中国轻工业出版社，2016．

[5] 龚威威．调酒技艺[M]．2版．北京：清华大学出版社，2019．

[6] 中国酒业培训技术指导中心．调酒师[M]．2版．北京：中国劳动社会保障出版社，2013．

[7] 殷开明，陈雪梅，艾佩佩．调酒技艺与酒吧运营[M]．2版．武汉：华中科技大学出版社，2022．

[8] 费寅，韦玉芳．酒水知识与调酒技术[M]．北京：机械工业出版社，2024．

[9] 陈映群．调酒艺术技能实训[M]．北京：机械工业出版社，2021．